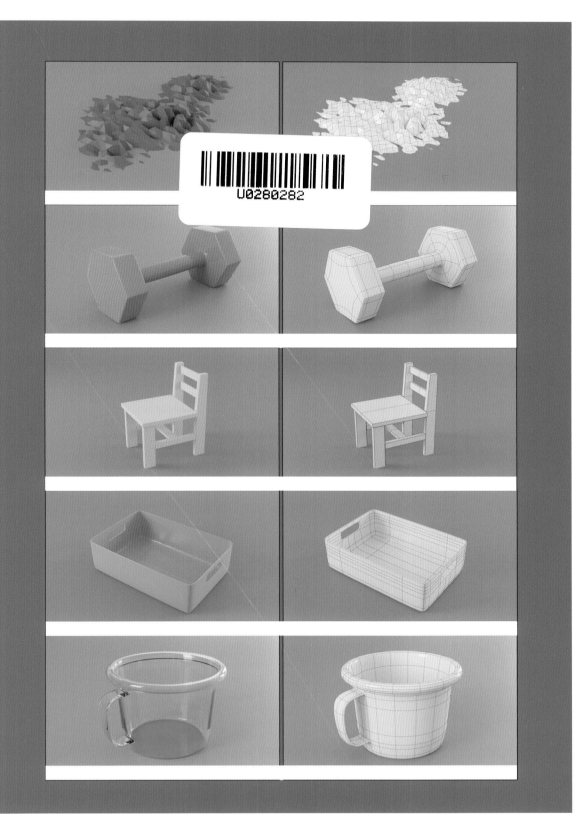

U0280282

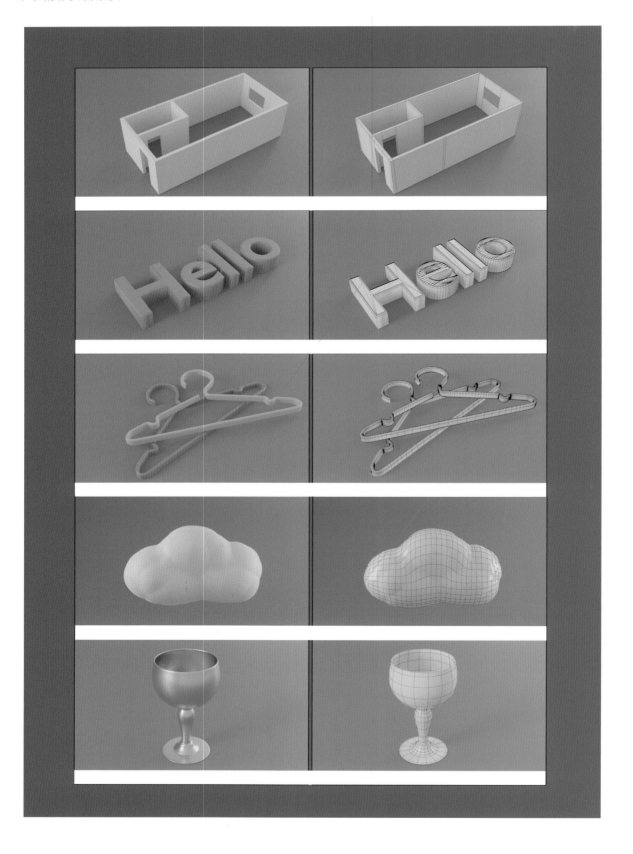

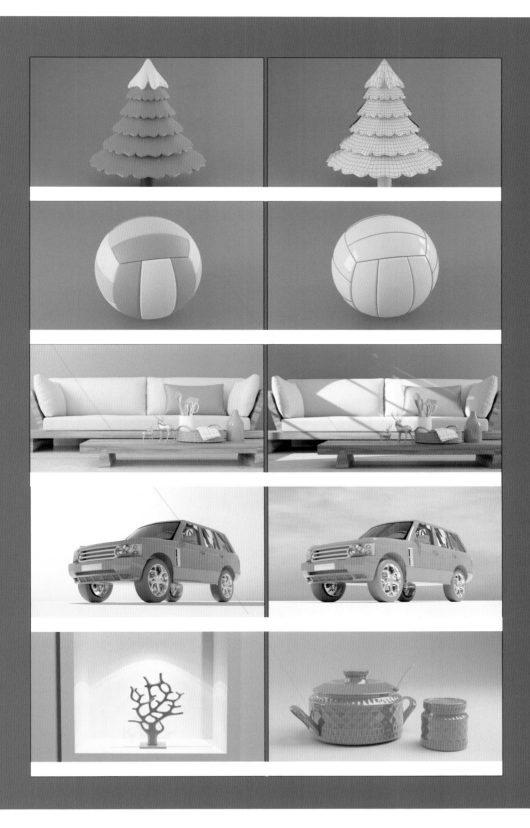

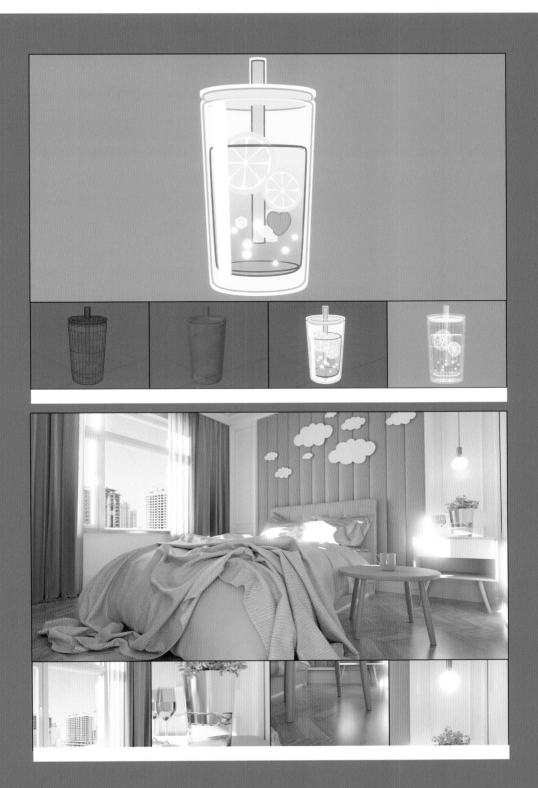

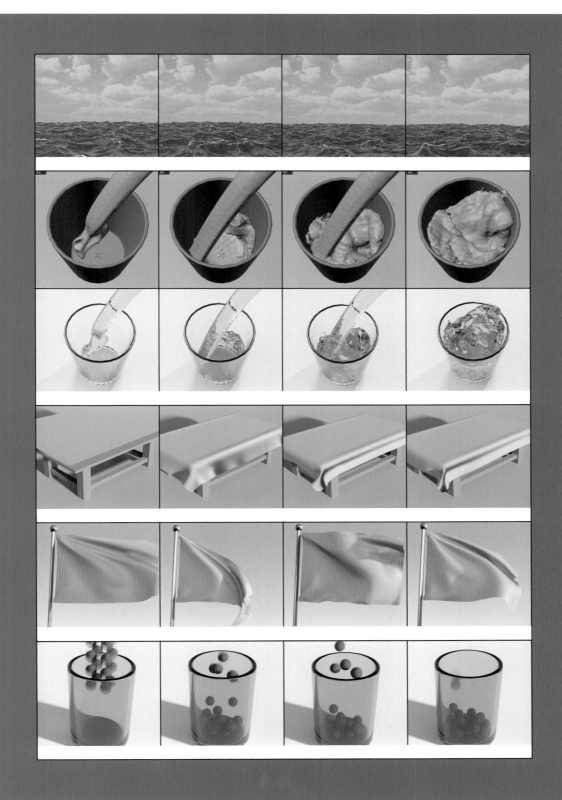

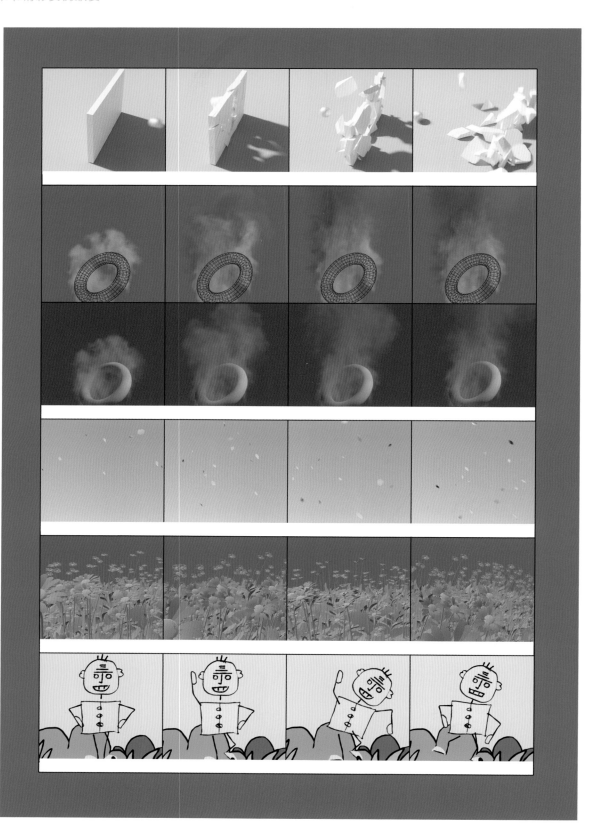

Blender

Blender
超级学习手册

来阳◎编著

人民邮电出版社
北　京

图书在版编目（CIP）数据

Blender超级学习手册 / 来阳编著. -- 北京 ：人民
邮电出版社，2024.1
ISBN 978-7-115-62806-0

Ⅰ．①B… Ⅱ．①来… Ⅲ．①三维动画软件—手册
Ⅳ．①TP391.414-62

中国国家版本馆CIP数据核字(2023)第188249号

内 容 提 要

本书基于中文版 Blender 3.4 编写，通过大量的操作实例系统地讲解三维图形和动画的制作技术，是一本面向零基础读者的专业教程。

全书共 10 章，详细讲解软件的操作界面、建模方法、灯光技术、摄像机技术、材质与纹理、渲染技术、动画技术、动力学动画、二维动画等内容。本书结构清晰，内容全面，通俗易懂，第 2~10 章还设计了相应的实例，并介绍了制作原理及操作步骤，帮助读者提升实际操作能力。

本书的配套学习资源丰富、实用，包括书中所有实例的工程文件、贴图文件和教学视频，便于读者自学使用。本书适合作为高校和培训机构动画专业相关课程的教材，也可以作为广大三维图形和动画爱好者的自学参考书。

◆ 编　　著　来　阳
责任编辑　罗　芬
责任印制　王　郁　胡　南

◆ 人民邮电出版社出版发行　　北京市丰台区成寿寺路 11 号
邮编　100164　电子邮件　315@ptpress.com.cn
网址　https://www.ptpress.com.cn
北京捷迅佳彩印刷有限公司印刷

◆ 开本：787×1092　1/16　　彩插：4
印张：14.75　　　　　　　2024 年 1 月第 1 版
字数：440 千字　　　　　　2025 年 1 月北京第 4 次印刷

定价：119.90 元

读者服务热线：(010)81055410　印装质量热线：(010)81055316
反盗版热线：(010)81055315
广告经营许可证：京东市监广登字 20170147 号

前 言
PREFACE

Blender 是由 Blender 基金会开发并维护的一款免费三维图形和动画制作软件，该软件集造型、渲染和动画制作功能于一身，广泛应用于动画广告、影视特效、多媒体、建筑、游戏等多个领域，深受广大从业人员的喜爱。为了帮助读者更轻松地学习并掌握 Blender 三维图形和动画制作的相关知识与技能，我们编写了本书。

内容特点

本书基于中文版 Blender 3.4 编写，整合了编者多年来积累的专业知识、设计经验和教学经验，从零基础读者的角度详细、系统地讲解三维图形和动画制作的必备知识，并对困扰初学者的重点和难点问题进行深入解析，力求帮助读者轻松学习 Blender 的用法，并将所学知识和技能灵活应用于实际的工作中。

适用对象

本书内容详尽，图文并茂，实例丰富，讲解细致，深入浅出，非常适合想要使用 Blender 进行三维图形和动画制作的读者自学使用，也可作为各类院校与培训机构相关专业课程的教材及参考书。

学习方法

中文版 Blender 3.4 较之前的版本更加成熟、稳定，尤其是涉及渲染器的部分，在充分考虑了用户的工作习惯后，进行了大量的修改、完善。本书共 10 章，分别对软件的基础操作、中级技术及高级技术进行深入讲解，完全适合零基础的读者自学，有一定基础的读者可以根据自己的情况直接阅读自己感兴趣的内容。

为了帮助零基础读者快速上手，全书实例均配套高质量的教学视频，读者可下载后离线观看。

资源下载方法

本书的配套资源包括书中所有实例的工程文件、贴图文件和教学视频。扫描下方的二维码，关注微信公众号"数艺设"，并回复 51 页左下角的 5 位数字，即可自动获得资源下载链接。

数艺设

致谢

写作是一件快乐的事情，在本书的出版过程中，人民邮电出版社的编辑老师做了很多工作，在此表示诚挚的感谢。由于编者技术能力有限，书中难免存在不足之处，读者朋友们如果在阅读本书的过程中遇到问题，或者有任何意见和建议，可以发送电子邮件至 luofen@ptpress.com.cn。

来 阳

第 1 章

初识 Blender

第 2 章

网格建模

第 3 章

修改器建模

目录

第4章

灯光技术

第5章

摄像机技术

第6章

材质与纹理

第 7 章

渲染技术

第 8 章

动画技术

目 录

第 9 章

动力学动画

第 10 章

二维动画

第 1 章

初识 Blender

1.1 Blender 3.4概述

随着科技和时代的不断进步，计算机应用已经渗透至各个行业中，它们无处不在，俨然已经成为人们工作和生活中无法取代的重要电子产品。多种多样的软件技术配合不断更新换代的电脑硬件，使得越来越多的可视化数字媒体产品飞速融入人们的生活。越来越多的艺术专业人员开始使用数字技术来进行工作，诸如绘画、雕塑、摄影等传统艺术学科也都开始与数字技术融合，形成了全新的学科交叉创意工作环境。

中文版 Blender 3.4 软件是一款专业的三维动画软件，使用限制较少，艺术家及工作室可以用该软件进行商业创作，教育机构的学生也可以用它来学习。该软件旨在为广大的三维动画师提供功能丰富、强大的动画工具，来制作优秀的动画作品。当我们开启该软件时，系统会自动弹出启动界面，如图 1-1 所示。

图1-1

在启动界面中，我们可以打开最近的项目文件，或者通过单击"新建文件"下的"常规"来创建一个新的文件，这样我们就可以在该软件中进行自由创作了。

1.2 Blender 3.4的应用范围

计算机图形技术始于 20 世纪 50 年代早期，最初主要应用于军事作战、计算机辅助设计与制造等专业领域，而非现在的艺术设计专业。20 世纪 90

年代后，计算机技术的应用开始变得成熟，随着计算机售价的下降，图形图像技术开始被越来越多的视觉艺术专业人员所关注、学习。Blender 作为一款旗舰级别的动画软件，使用其可以为产品展示、建筑表现、园林景观设计，以及游戏、电影和运动图形的设计提供一套全面的 3D 建模、动画、渲染及合成的解决方案，应用领域非常广泛。图 1-2 和图 1-3 所示为笔者使用该软件所制作出来的三维图像作品。

图1-2

图1-3

1.3 Blender 3.4的操作界面

学习使用 Blender 时，首先应熟悉软件的操作界面与布局，为以后的创作打下基础。图 1-4 为打开中文版 Blender 3.4 软件之后的界面。

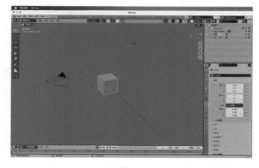

图1-4

1.3.1　工作区

　　Blender 软件为用户提供了多个不同的工作区，以使用户得到更好的操作体验，这些工作区有 Layout（布局）、Modeling（建模）、Sculpting（雕刻）、UV Editing（UV 编辑）、Texture Paint（贴图绘制）、Shading（着色）、Animation（动画）、Rendering（渲染）、Compositing（合成）、Geometry Nodes（几何节点）和 Scripting（脚本）。需要读者注意的是，即使我们使用的是中文版软件，这些工作区的名称目前也是用英文显示的，我们可以通过单击软件界面上方中心位置处的这些工作区名称来进行工作区的切换。图 1-5 ~图 1-15 所示为不同工作区的布局。

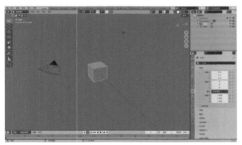

图1-5

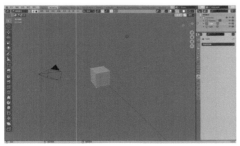

图1-6

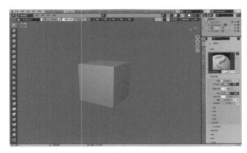

图1-7

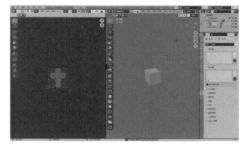

图1-8

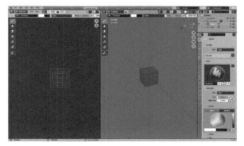

图1-9

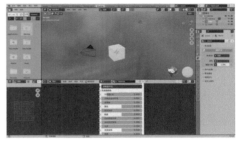

图1-10

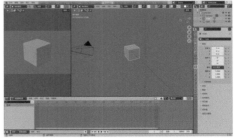

图1-11

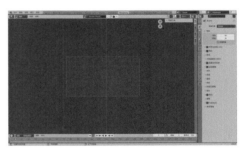

图1-12

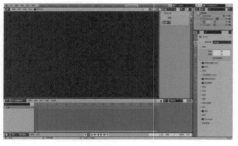

图1-13

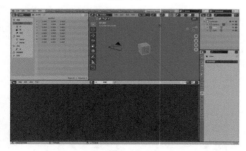

图1-14

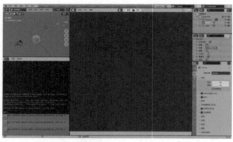

图1-15

1.3.2 菜单

Blender 3.4为用户提供了多行菜单命令，这些菜单命令有一部分固定于软件界面上方左侧，另一部分则分别位于不同的工作区界面中，如图1-16所示。

图1-16

1.3.3 视图

1. 视图切换

在默认状态下，打开中文版Blender 3.4后，软

件所显示的视图为透视视图。我们可以执行菜单栏"视图/视图/左"命令，如图1-17所示，将透视视图切换至左视图，如图1-18所示。或者使用同样的方法切换至其他视图。

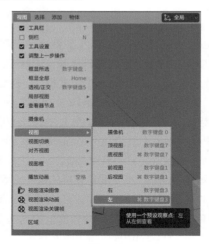

图1-17

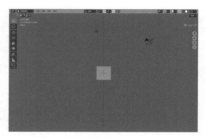

图1-18

我们还可以通过单击"旋转视图"按钮上的"预设观察点"来进行这些视图的切换，如图1-19所示。

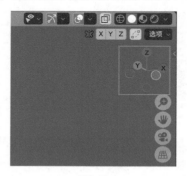

图1-19

💡 **技巧与提示** 我们可以按住"option(macOS)/Alt（Windows ）键＋鼠标中键"，将透视视图旋转至正交视图。我们还可以按住"Ctrl键＋加号键"/"Ctrl键＋减号键"来放大或缩小操作视图。

2. 视图显示

Blender 为我们提供了"线框""实体""材质预览"和"渲染预览"4 种视图显示方式。单击视图右上方对应的按钮即可进行这些视图显示方式的切换，图 1-20 所示。图 1-21 ～图 1-24 所示分别为这 4 种不同的视图显示方式下的视图。

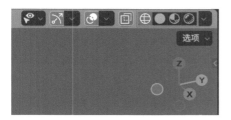

图1-20

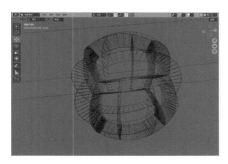

图1-21

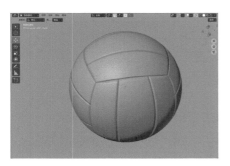

图1-22

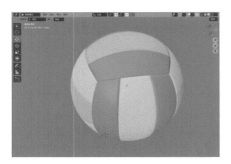

图1-23

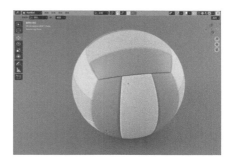

图1-24

如图 1-25 所示，单击视图左上角的下拉菜单，选择"编辑模式"，视图还会显示出模型的边线结构。

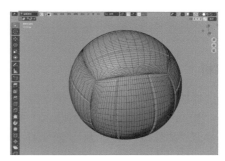

图1-25

> 🔅 **技巧与提示**　按下组合键"Shift+Z"，视图可以在线框模式与实体模式之间进行切换。按下 Z 键，则可以弹出菜单，我们可以执行菜单上的命令来进行视图显示的切换，如图 1-26 所示。
>
>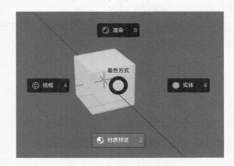
>
> 图1-26

3. 视图调整

我们可以通过滚动鼠标滚轮来推进或拉远视图中的对象，按住"Ctrl 键 + 鼠标中键"也可以推进或拉远。按住"Shift 键 + 鼠标中键"可以平移视图。仅按住鼠标中键则可以旋转视图来调整观察角度。当然，Blender 3.4 也为我们提供了用于调整视图的按钮，这些按钮位于视图的右上方，如图 1-27 所示。

图1-27

工具解析

▇旋转视图：按住该按钮后，拖动鼠标即可旋转视图，也可以单击上面的"预设观测点"来直接将视图切换至"前视图""左视图""顶视图"等正交视图。

▇缩放视图：按住该按钮后，拖动鼠标即可进行推进或拉远操作。

▇移动视图：按住该按钮后，拖动鼠标即可对视图进行平移操作。

▇切换摄像机视角：单击该按钮可以在透视视图和摄像机视图之间进行切换。

▇切换当前视图为正交视图/透视图：单击该按钮，可以在正交视图和透视图之间进行切换。

1.3.4 大纲视图

与3ds Max、Maya这些三维软件相似的是，Blender也为用户提供了"大纲视图"面板，位于软件界面右上方，方便用户观察场景中都有哪些对象并显示出这些对象的类型及名称，如图1-28所示。我们可以看到，当我们新建一个场景文件时，场景内默认会有一个摄像机、一个立方体模型和一个灯光。当我们在建模时，可以通过单击"大纲视图"内对象名称后面的眼睛形状的按钮来隐藏摄像机或灯光对象。

图1-28

1.3.5 渲染属性

"渲染属性"面板位于软件界面右下方，我们可以通过单击"渲染属性"图标来打开该面板，如图1-29所示。在该面板中，我们可以设置软件的"渲染引擎"来进行最终图像的渲染计算。

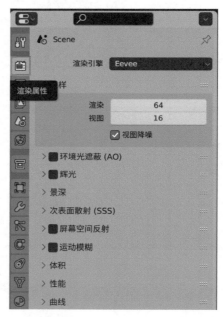

图1-29

1.3.6 输出属性

"输出属性"面板位于软件界面右下方，我们可以通过单击"输出属性"图标来打开该面板，如图1-30所示。在该面板中，我们可以设置软件渲染图像的"分辨率"及"帧范围"。

图1-30

图1-32 所示。在该面板中，我们可以设置物体的"变换"属性。

图1-32

1.3.7　场景属性

"场景属性"面板位于软件界面右下方，我们可以通过单击"场景属性"图标来打开该面板，如图1-31 所示。在该面板中，我们可以设置场景的"单位"及相关属性。

图1-31

1.3.8　物体属性

"物体属性"面板位于软件界面右下方，我们可以通过单击"物体属性"图标打开该面板，如

1.3.9　修改器属性

"修改器属性"面板位于软件界面右下方，我们可以通过单击"修改器属性"图标来打开该面板，如图1-33 所示。在该面板中，我们可以为对象添加各种各样的修改器来进行编辑。

图1-33

> 💡 **技巧与提示**　Blender的属性面板实际上是由多个小面板集合而成，我们会在后续章节中详细为读者讲解这些属性面板的具体使用方法。

1.4　Blender 3.4的基本操作

1.4.1　变换对象

　　Blender 为用户提供了多个用于对场景中的对象进行变换操作的工具，有"框选""游标""移动""旋转""缩放"和"变换"，这些工具以按钮的形式位于视图的左侧区域，我们可以调整这些按钮的长度来显示出他们的中文名称，如图 1-34 所示。按下 T 键，可以隐藏或显示这些按钮。

图1-34

1.　框选

　　按住"框选"按钮后，还会弹出与此工具相似的其他按钮，如图 1-35 所示。

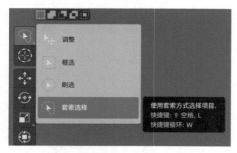

图1-35

工具解析

　　调整：通过单击的方式来选择场景中的单个对象，如图 1-36 所示。

　　框选：可以通过框选的方式来选择场景中的多个对象，如图 1-37 所示。

图1-36

图1-37

　　刷选：可以通过笔刷的方式来选择场景中的多个对象，如图 1-38 所示。

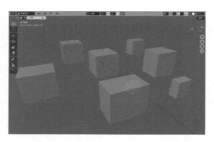

图1-38

　　套索选择：可以用鼠标绘制出不规则形状的区域来选择场景中的多个对象，如图 1-39 所示。

图1-39

　　使用"框选"工具不但可以选择对象，还可以对对象进行变换操作。

　　选择对象后，按下 G 键，可以调整对象的位置；按下 G 键、X 键可以沿 X 轴调整对象的位置；按下 G 键、Y 键可以沿 Y 轴调整对象的位置；按下 G 键、Z 键则可以沿 Z 轴调整对象的位置。

选择对象后，按下 R 键，可以调整对象的角度；按下 R 键、X 键可以绕 X 轴调整对象的角度；按下 R 键、Y 键可以绕 Y 轴调整对象的角度；按下 R 键、Z 键则可以绕 Z 轴调整对象的角度。

选择对象后，按下 S 键，可以调整对象的大小；按下 S 键、X 键可以调整对象在 X 轴方向上的长度；按下 S 键、Y 键可以调整对象在 Y 轴方向上的长度；按下 S 键、Z 键则可以调整对象在 Z 轴方向上的长度。

2．游标

"游标"可以用来确定场景中新建对象的位置，默认状态下，游标的位置处于场景中坐标原点位置。我们可以按下组合键"Shift+ 鼠标右键"来重新定义游标的位置。按下组合键"Shift+C"则可以使游标回到坐标原点处。

3．移动

单击"移动"按钮后，被选中的模型会出现移动坐标轴，如图 1-40 所示，方便我们调整模型的位置。

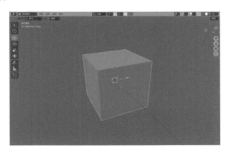

图1-40

4．旋转

单击"旋转"按钮后，被选中的模型会出现旋转坐标轴，如图1-41所示，方便我们调整模型的角度。

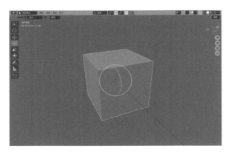

图1-41

5．缩放

按住"缩放"按钮后，还会弹出与此工具相似的其他按钮，如图 1-42 所示。

图1-42

工具解析

缩放：单击"缩放"按钮后，被选中的模型会出现缩放坐标轴，如图 1-43 所示，方便我们调整模型的大小。

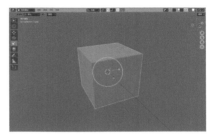

图1-43

缩放罩体：单击"缩放罩体"按钮后，被选中的模型会出现罩体，如图 1-44 所示，方便我们调整模型的大小。

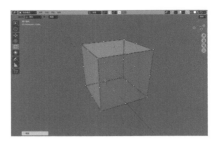

图1-44

6．变换

单击"变换"按钮后，被选中的模型会同时出现移动坐标轴、旋转坐标轴和缩放坐标轴，如图 1-45 所示，方便我们调整模型的位置、角度和大小。

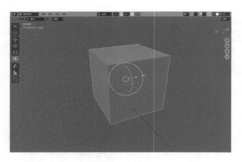

图1-45

1.4.2 复制对象

在场景模型的制作过程中，复制物体是一项必不可少的基本操作。我们可以选中想要复制的对象，按下组合键"Shift+D"进行复制，复制完成后，在"复制物体"卷展栏中勾选"关联"，如图1-46所示，即可复制出带有关联关系的对象。

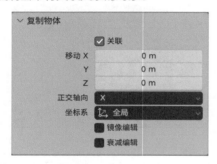

图1-46

1.4.3 创建对象

Blender软件为用户提供了多种创建对象的方式，我们可以通过菜单、快捷键和按钮来进行对象的创建。

1. 通过菜单创建对象

执行菜单栏"添加/网格/立方体"命令，如图1-47所示，即可在场景中游标位置处创建一个立方体模型，如图1-48所示。在视图左侧下方的"添加立方体"卷展栏中，我们可以对立方体的尺寸进行设置以调整立方体的大小，如图1-49所示。按下N键，在"变换"卷展栏中，我们还可以分别调整立方体3个方向的尺寸，如图1-50所示。

图1-47

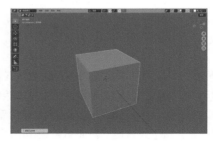

图1-48

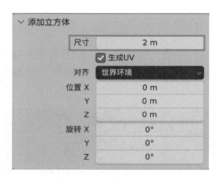

图1-49

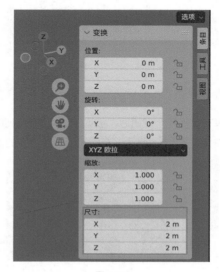

图1-50

2. 通过快捷键创建对象

按下组合键"Shift+A"，即可在视图中任意位置弹出菜单来创建对象，如图 1-51 所示。

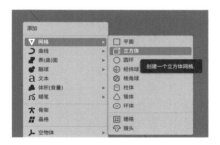

图1-51

3. 通过按钮创建对象

将鼠标指针放在"添加立方体"按钮上按住鼠标左键，即可弹出更多与创建对象有关的按钮，如图 1-52 所示。我们可以通过单击这些按钮，在场景中以交互式的方式来创建对象，如图 1-53 所示。

图1-52

图1-53

1.4.4　删除对象

新建场景文件后，Blender 会在场景中自动创建一个立方体模型，如果我们不需要这个立方体模型的话，可以将其删除。选择立方体模型，按下 X 键，在弹出的菜单中单击"删除"即可，如图 1-54 所示。按下 Delete 键（大键盘）或按下组合键"Fn+ 退格键（笔记本键盘）"，也可以直接删除选中的对象。

图1-54

第2章

网格建模

2.1　建模概述

Blender 软件提供了多种建模工具，用来帮助用户在软件中实现各种各样复杂形体模型的构建。当我们选中模型并切换至"编辑模式"后，就可以使用这些建模工具了。图 2-1 和图 2-2 所示为使用 Blender 软件所制作出来的模型。

图2-1

图2-2

2.2　创建几何体模型

执行菜单栏"添加 / 网格"命令，我们即可看到 Blender 为用户提供的多种基本几何体的创建命令，如图 2-3 所示。我们还可以按下组合键"Shift+A"，在场景中打开"添加"下拉菜单，来行进几何体模型的创建，如图 2-4 所示。

图2-3

图2-4

2.2.1　平面

执行菜单栏"添加 / 网格 / 平面"命令，即可在场景中生成一个平面模型，如图 2-5 所示。

图2-5

在"添加平面"卷展栏中，其参数设置如图 2-6 所示。

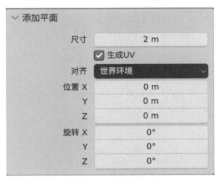

图2-6

工具解析

尺寸：设置平面的大小。
对齐：设置生成模型的初始对齐方向。
位置 X/Y/Z：模型的初始位置。
旋转 X/Y/Z：模型的初始方向。

💡 **技巧与提示** 这种创建对象的方式与Maya软件创建对象的默认方式极为相似。

2.2.2 立方体

执行菜单栏"添加／网格／立方体"命令，即可在场景中生成一个立方体模型，如图2-7所示。

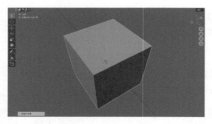

图2-7

在"添加立方体"卷展栏中，其参数设置如图2-8所示。

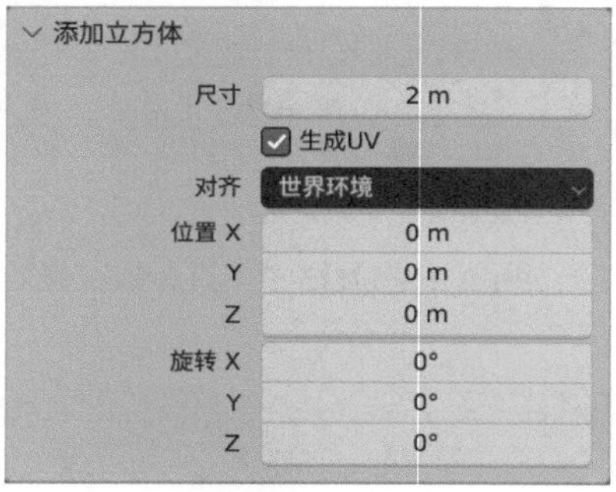

图2-8

💡 **技巧与提示** 立方体的参数设置与平面的参数设置基本一样，故不再重复讲解。

2.2.3 圆环

执行菜单栏"添加／网格／圆环"命令，即可在场景中生成一个圆环模型，如图2-9所示。

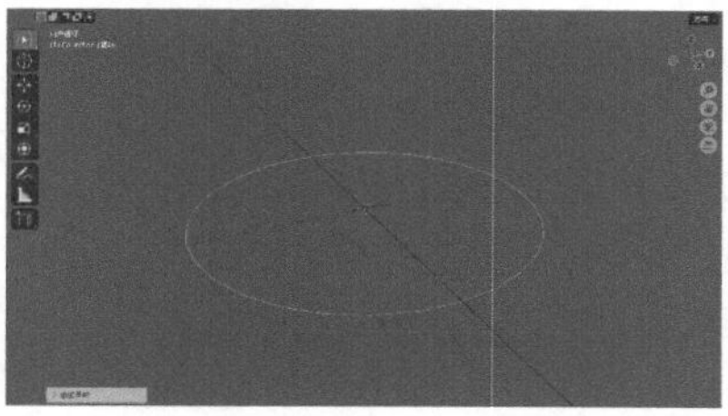

图2-9

在"添加圆环"卷展栏中，其参数设置如图2-10所示。

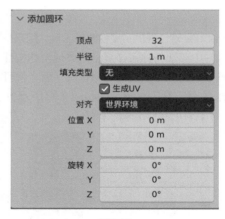

图2-10

工具解析

顶点：设置圆环的顶点数。

半径：设置圆环的半径。

填充类型：有"无""多边形""三角扇片"这3个类型可选。

对齐：设置生成模型的初始对齐方向。

位置X/Y/Z：模型的初始位置。

旋转X/Y/Z：模型的初始方向。

2.2.4 猴头

执行菜单栏"添加／网格／猴头"命令，即可在场景中生成一个猴头模型，如图2-11所示。

图2-11

在"添加猴头"卷展栏中，其参数设置如图2-12所示。

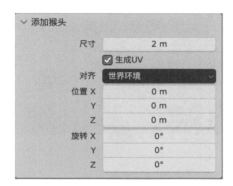

图2-12

💡 技巧与提示　猴头的参数设置与平面的参数设置基本一样，故不再重复讲解。

2.3　编辑模式

当我们要对场景中的模型进行编辑时，需要由默认的"物体模式"切换至"编辑模式"，在"编辑模式"中，我们不但可以清楚地看到构成模型的边线结构，还可以使用各种各样的建模工具。图2-13和图2-14所示为猴头模型分别处于"物体模式"和"编辑模式"下的视图显示状态。

图2-13

图2-14

2.3.1　网格选择模式

网格选择模式分为"点选择模式""边选择模式"和"面选择模式"，我们可以通过单击"编辑模式"后面的3个按钮来进行切换，如图2-15所示。

图2-15

💡 技巧与提示　点选择模式的快捷键是1。
边选择模式的快捷键是2。
面选择模式的快捷键是3。

2.3.2　衰减编辑

"衰减编辑"的效果类似于3ds Max和Maya软件中的"软选择"。我们通过单击"衰减编辑"按钮来启动该功能，并通过设置"衰减方式"来控制该功能所产生的结果，如图2-16所示。

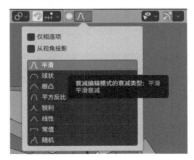

图2-16

图2-17～图2-24所示分别为"衰减方式"分别是"平滑""球状""根凸""平方反比""锐利""线性""常值"和"随机"时的编辑效果。

图2-17

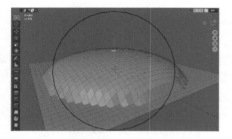

图2-18

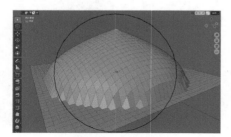

图2-19

图2-20

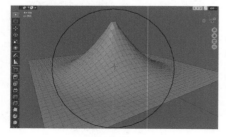

图2-21

图2-22

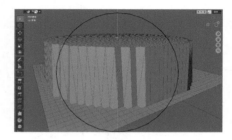

图2-23

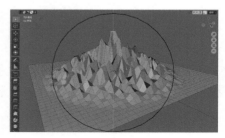

图2-24

2.3.3　常用编辑工具

当我们进入模型的"编辑模式"后，我们可以在软件界面的左侧找到 Blender 为用户提供的较为常用的编辑工具图标，如图 2-25 所示。

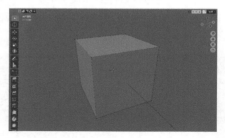

图2-25

工具解析

挤出选区：将所选择的面进行挤出，如图 2-26 所示。

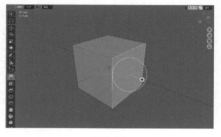

图2-26

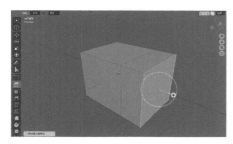

图2-26（续）

内插面：在所选择的面内插入一个新的面，如图 2-27 所示。

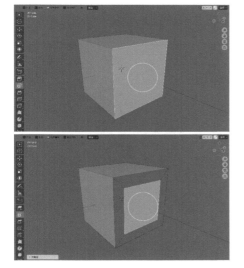

图2-27

倒角：对所选择的面的边缘进行圆角化处理，如图 2-28 所示。

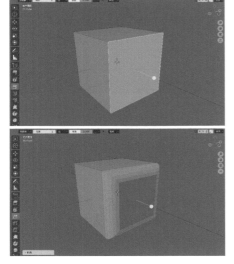

图2-28

环切：对模型进行环形切割，如图 2-29 所示。

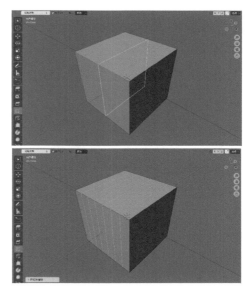

图2-29

切割：对模型的面进行切割，将其分割为多个面，如图 2-30 所示。

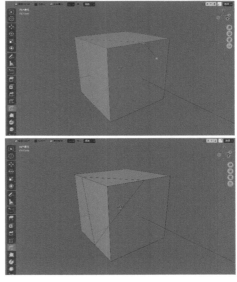

图2-30

2.3.4　实例：制作地形模型

本节，我们制作一块多边形的地形模型，通过此练习熟练掌握多边形几何体的创建方式及基本建模技巧。图 2-31 所示为本实例的最终完成效果。

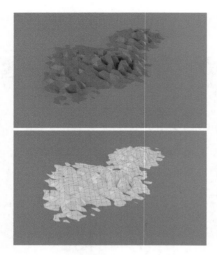

图2-31

（1）启动中文版 Blender 3.4，执行菜单栏"添加/网格/平面"命令，即可在场景中生成一个平面模型，用来制作地形模型，如图2-32所示。

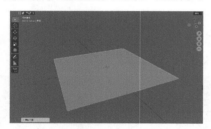

图2-32

（2）按下 Tab 键，进入"编辑模式"，使用"环切"工具为地形模型添加边线，如图2-33和图2-34所示。

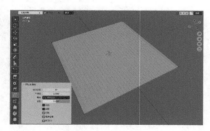

图2-33

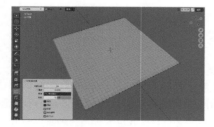

图2-34

（3）使用"框选"工具选择如图2-35所示的面。

图2-35

（4）按下"衰减编辑"按钮，并设置"衰减方式"为"随机"，如图2-36所示。

图2-36

（5）按下 G 键、Z 键，调整所选择的面的位置，直至达到如图2-37所示的效果，即可制作出凹凸不平的起伏地形。

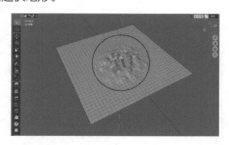

图2-37

> 技巧与提示　使用"衰减编辑"时，滑动鼠标滚轮，可以调整衰减的影响范围。

（6）重复以上操作步骤，即可制作出地形效果更加复杂的模型。制作完成的模型如图2-38所示。

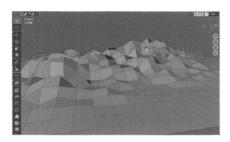

图2-38

2.3.5 实例：制作哑铃模型

本节，我们制作一个哑铃模型，通过此练习熟练掌握多边形几何体的创建方式及基本建模技巧。图 2-39 所示为本实例的最终完成效果。

图2-39

（1）启动中文版 Blender 3.4，执行菜单栏"添加 / 网格 / 柱体"命令，即可在场景中生成一个圆柱体模型，如图 2-40 所示。

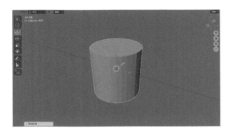

图2-40

（2）在"添加柱体"卷展栏中，设置"顶点"为 6，"半径"为 0.08m，"深度"为 0.05m，"旋转 X"为 90，如图 2-41 所示。

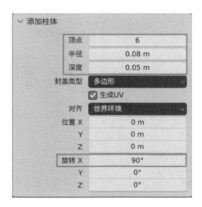

图2-41

（3）设置完成后，柱体的视图显示结果如图 2-42 所示。

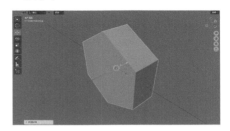

图2-42

（4）将视图切换至"编辑模式"，如图 2-43 所示。

图2-43

（5）按下 Z 键，在弹出的菜单中单击"线框"按钮，将视图切换至线框显示状态，如图2-44所示。

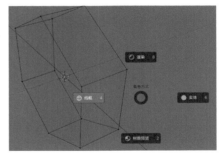

图2-44

（6）选择如图 2-45 所示的边线，使用"倒角"工具实现如图 2-46 所示的模型结果。

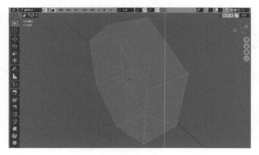

图2-45

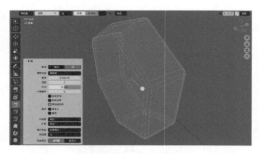

图2-46

（7）选择如图 2-47 所示的面，使用"内插面"工具实现如图 2-48 所示的模型结果。

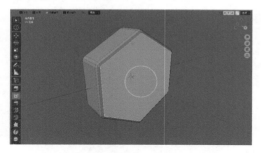

图2-47

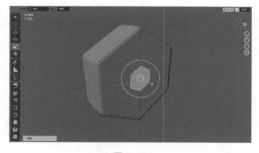

图2-48

（8）选择如图 2-49 所示的面，多次使用"挤出选区"工具，实现如图 2-50 所示的模型结果。

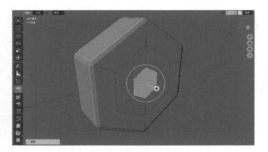

图2-49

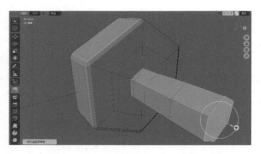

图2-50

（9）选择模型上所有的面，如图 2-51 所示。

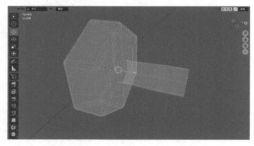

图2-51

（10）按下组合键"Shift+D"，再按下回车键，原地复制出所选择的面，并调整其位置至如图 2-52 所示。

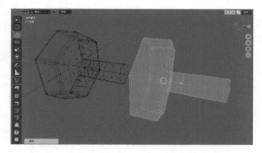

图2-52

（11）旋转所选择的面直至如图 2-53 所示的结果。

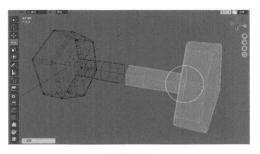

图2-53

（12）选择如图 2-54 所示的面，将其删除，得到如图 2-55 所示的模型结果。

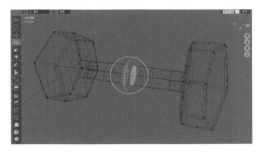

图2-54

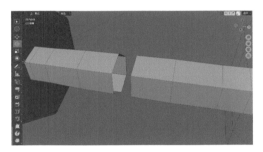

图2-55

（13）选择如图 2-56 所示的 2 个顶点，按下 M 键，在弹出的菜单中执行"合并/到中心"命令，即可将所选择的 2 个顶点进行合并，如图 2-57 所示。

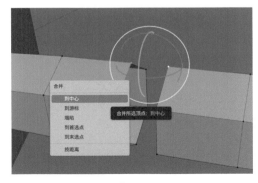

图2-56

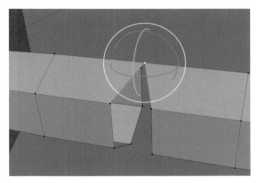

图2-57

（14）使用同样的操作步骤对开口处的其他顶点进行合并，得到如图 2-58 所示的模型结果。

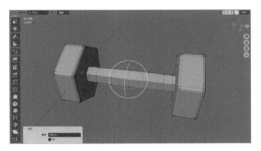

图2-58

（15）按下 Tab 键，退出"编辑模式"后，为其添加"表面细分"修改器，设置"视图层级"为 3，如图 2-59 所示。

图2-59

💡 技巧与提示 "表面细分"修改器添加完成后，其名称显示为"细分"，而不是"表面细分"。

（16）制作完成的模型如图 2-60 所示。

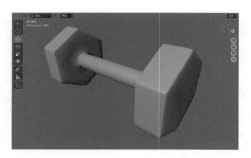

图2-60

2.3.6 实例：制作椅子模型

本节，我们制作一个椅子模型，通过此练习熟练掌握多边形几何体的创建方式及基本建模技巧。图 2-61 所示为本实例的最终完成效果。

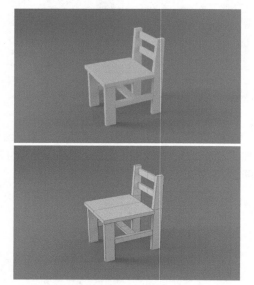

图2-61

（1）启动中文版 Blender 3.4，我们可以使用场景中自带的立方体模型来进行椅子模型的制作，如图 2-62 所示。

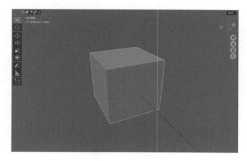

图2-62

（2）按下 Tab 键，进入"编辑模式"，选择如图 2-63 所示的面，使用"移动"工具调整其位置至如图 2-64 所示，用来制作椅子面结构。

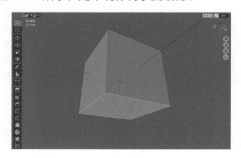

图2-63

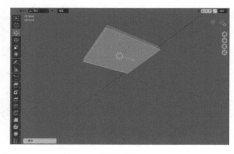

图2-64

（3）使用"环切"工具对椅子面进行切割，如图 2-65 所示。

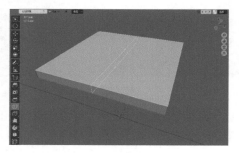

图2-65

（4）选择如图 2-66 所示的面，按下 X 键，删除所选择的面，得到如图 2-67 所示的模型结果。

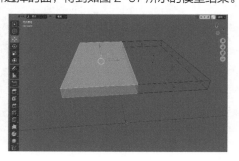

图2-66

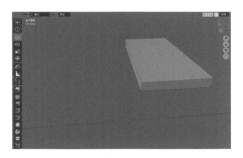

图2-67

（5）单击"添加立方体"按钮，如图2-68所示。

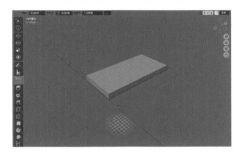

图2-68

（6）在场景中如图2-69所示位置处创建一个长方体模型，用来制作椅子腿结构。

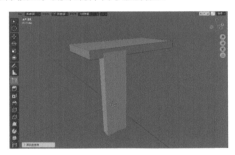

图2-69

（7）调整长方体模型的大小和位置至如图2-70所示。

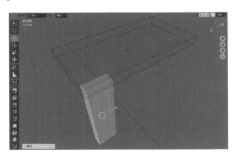

图2-70

（8）按下组合键"Shift+D"，再按下Enter键，将复制出来的椅子腿移动至如图2-71所示位置处。

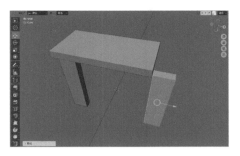

图2-71

（9）选择如图2-72所示的面，向上微调其位置后，使用"挤出选区"工具制作出如图2-73所示的模型结果。

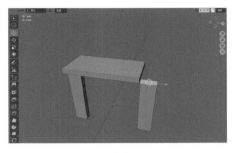

图2-72

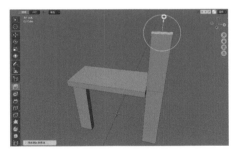

图2-73

（10）选择如图2-74所示的边线，向y轴方向调整其位置，如图2-75所示，制作出椅子靠背部分的细节。

图2-74

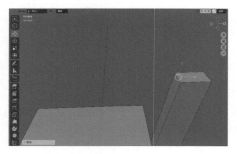

图2-75

（11）选择如图2-76所示的面，对其进行复制并调整角度和位置至如图2-77所示，制作出2个椅子腿之间的横梁结构。

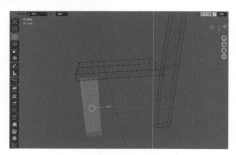

图2-76

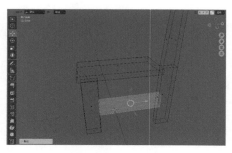

图2-77

（12）使用"移动"工具微调横梁的长短形状至如图2-78所示。

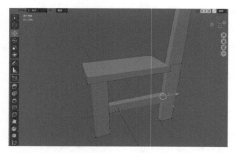

图2-78

（13）选择如图2-79所示的面，对其进行复制，并调整形状和位置至如图2-80所示，制作出另一个

方向的横梁结构。

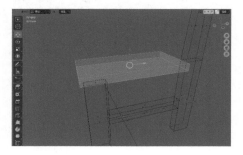

图2-79

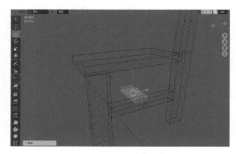

图2-80

（14）使用步骤（13）中的方法，制作出椅子靠背处的横梁结构，如图2-81所示。这样，我们就制作出了一半的椅子模型，如图2-82所示。

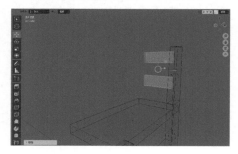

图2-81

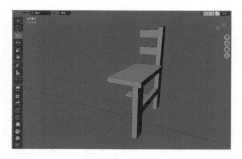

图2-82

（15）为椅子模型添加"镜像"修改器，如图2-83所示，实现如图2-84所示的模型结果。

图2-83

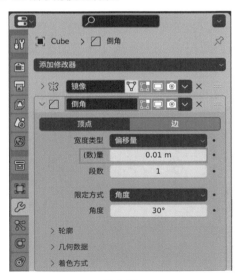

图2-84

（16）为椅子模型添加"倒角"修改器，设置"（数）量"为0.01m，如图2-85所示，实现如图2-86所示的模型结果。

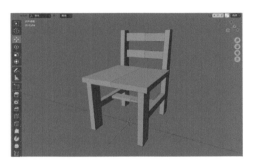

图2-85

图2-86

（17）制作完成的模型如图2-87所示。

图2-87

2.3.7　实例：制作方盘模型

本节，我们制作一个方盘模型，通过此练习熟练掌握多边形几何体的创建方式及基本建模技巧。图2-88所示为本实例的最终完成效果。

图2-88

（1）启动中文版Blender 3.4，我们可以使用场景中自带的立方体模型来进行方盘模型的制作，如图2-89所示。

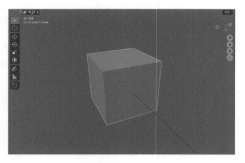

图2-89

（2）按下 Tab 键，进入"编辑模式"，选择如图 2-90 所示的面，按下 G 键、Z 键调整其位置至如图 2-91 所示。

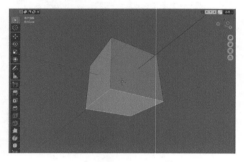

图2-90

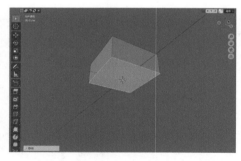

图2-91

（3）选择如图 2-92 所示的面，按下 G 键、X 键调整其位置至如图 2-93 所示。

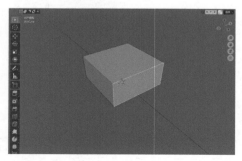

图2-92

图2-93

（4）选择如图 2-94 所示的面，按下 X 键，删除所选择的面，得到如图 2-95 所示的模型结果。

图2-94

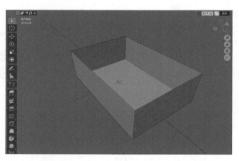

图2-95

（5）框选模型上所有的边线，如图 2-96 所示。使用"倒角"工具得到如图 2-97 所示的模型结果。

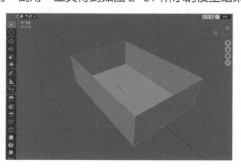

图2-96

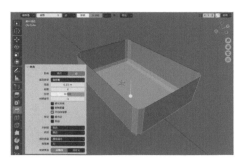

图2-97

（6）使用"环切"工具为方盘模型添加环形边线，如图 2-98 所示。

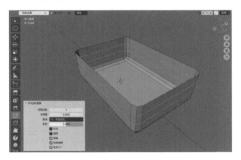

图2-98

（7）使用"移动"工具沿 Z 轴向调整这两条边线的位置至如图 2-99 所示。

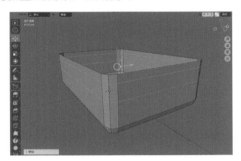

图2-99

（8）再次使用"环切"工具为方盘模型添加环形边线，如图 2-100 和图 2-101 所示。

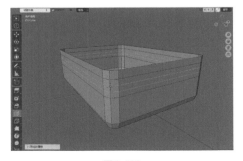

图2-100

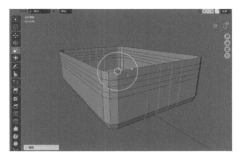

图2-101

（9）选择如图 2-102 所示的面，执行菜单栏命令"选择 / 扩展缩减选择 / 扩展选区"命令，即可选择如图 2-103 所示的面。

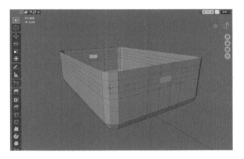

图2-102

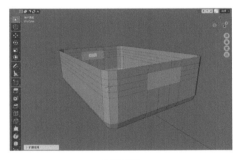

图2-103

（10）按下 X 键，删除所选择的面，得到如图 2-104 所示的模型结果。

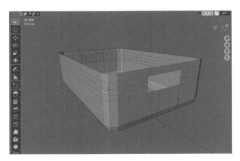

图2-104

（11）在"修改器属性"面板中，为其添加"实体化"修改器，设置"厚（宽）度"为0.02m，如图2-105所示。

图2-105

（12）设置完成后，我们可以看到方盘模型现在有了一点点厚度，如图2-106所示。

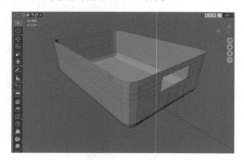

图2-106

（13）在"修改器属性"面板中，为其添加"表面细分"修改器，设置"视图层级"为3，"渲染"为3，如图2-107所示。

图2-107

（14）设置完成后，我们可以看到方盘模型现在

看起来平滑了许多，如图2-108所示。

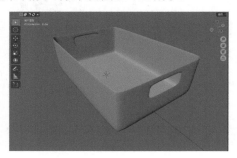

图2-108

（15）在"修改器属性"面板中，为其添加"实体化"修改器，展开"边数据"卷展栏，设置"折痕内侧"为0.9，"外表面"为0.9，如图2-109所示。

图2-109

（16）设置完成后，观察方盘模型的边缘及提手孔部分，可以看到模型的视图显示结果如图2-110所示。

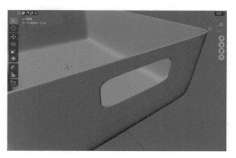

图2-110

（17）制作完成的模型如图 2-111 所示。

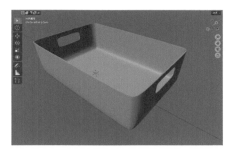

图2-111

2.3.8　实例：制作杯子模型

本节，我们制作一个杯子模型，通过此练习熟练掌握多边形几何体的创建方式及基本建模技巧。图 2-112 所示为本实例的最终完成效果。

图2-112

（1）启动中文版 Blender 3.4，我们可以使用场景中自带的立方体模型来进行杯子模型的制作，如图 2-113 所示。

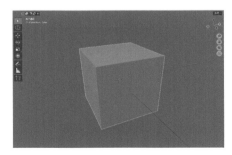

图2-113

（2）按下 Tab 键，进入"编辑模式"，选择如

图 2-114 所示的点，按下 M 键，在弹出的菜单中执行"合并 / 到中心"命令，如图 2-115 所示。这样，我们就得到了一个点，如图 2-116 所示。

图2-114

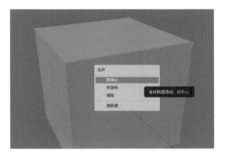

图2-115

图2-116

（3）按下组合键"option（Alt）+ 鼠标中键"，将视图调整至"前视图"，选择点，多次按下 E 键，对点进行挤出操作，实现杯子模型的侧面剖面效果，如图 2-117 所示。

图2-117

（4）选择所有点，如图 2-118 所示。使用"旋绕"工具实现如图 2-119 所示的模型结果。

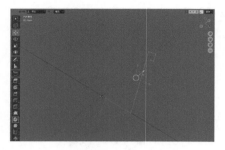

图2-118

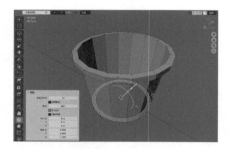

图2-119

（5）框选模型上所有的点，按下 M 键，在弹出的菜单中执行"合并 / 按距离"命令，如图 2-120 所示。

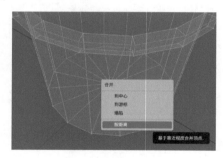

图2-120

（6）选择如图 2-121 所示的边线，执行菜单栏"选择 / 选择循环 / 循环边"命令，即可选中如图 2-122 所示的边线。

图2-121

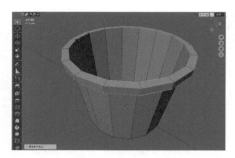

图2-122

💡 技巧与提示　按下 Option/Alt 键，即可选择循环边。

（7）使用"倒角"工具实现如图 2-123 所示的模型结果。

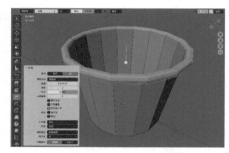

图2-123

（8）选择如图 2-124 所示的边线，使用"倒角"工具实现如图 2-125 所示的模型结果。

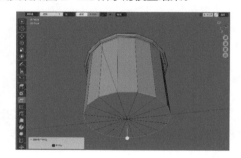

图2-124

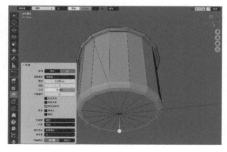

图2-125

（9）在"修改器属性"面板中，为其添加"实体化"修改器，设置"厚（宽）度"为0.01m，如图2-126所示。

图2-126

（10）设置完成后，我们可以看到杯子模型现在有了一点点的厚度效果，如图2-127所示。

图2-127

（11）按下Tab键，退出"编辑模式"，在"物体模式"中单击鼠标右键并执行"转换到／网格"命令，如图2-128所示。

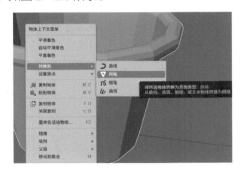

图2-128

（12）按下Tab键，进入"编辑模式"，使用"环切"工具为杯子模型添加如图2-129所示的环形边线。

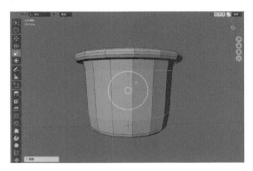

图2-129

（13）使用"倒角"工具为所选择的边线倒角，实现如图2-130所示的模型结果。

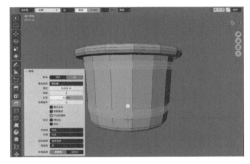

图2-130

（14）再次使用"环切"工具为杯子模型添加如图2-131所示的环形边线。

图2-131

（15）选择如图2-132所示的面，使用"挤出选区"工具对其进行多次挤出，制作出如图2-133所示的模型结果。

图2-132

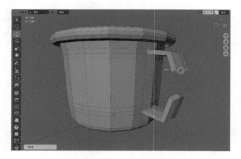

图2-133

（16）选择如图2-134所示的面，按下X键，将其删除，得到如图2-135所示的模型结果。

图2-134

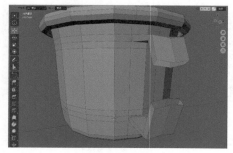

图2-135

（17）选择如图2-136所示的边线，执行菜单栏"边/桥接循环边"命令，对所选择的边线进行桥接操作，得到如图2-137所示的模型结果。

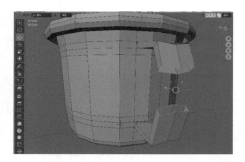

图2-136

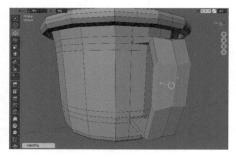

图2-137

（18）在"修改器属性"面板中，为其添加"表面细分"修改器，设置"视图层级"为2，"渲染"为2，如图2-138所示。

图2-138

（19）制作完成的模型如图2-139所示。

图2-139

2.3.9　实例：制作户型墙体模型

本节，我们制作一个一居室的户型墙体模型，通过此练习熟练掌握房屋平层模型的建模技巧。图 2-140 所示为本实例的最终完成效果。

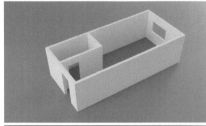

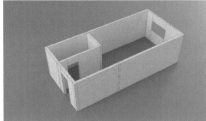

图2-140

（1）启动中文版 Blender 3.4，我们可以使用场景中自带的立方体模型来进行户型墙体模型的制作，如图 2-141 所示。

图1-141

（2）按下 Tab 键，进入"编辑模式"，选择如图 2-142 所示的点，使用"缩放"工具调整其形态至如图 2-143 所示，制作出一面墙体的模型。

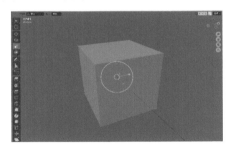

图2-142

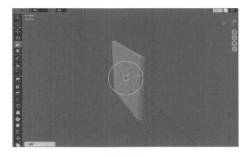

图2-143

（3）选择如图 2-144 所示的面，使用"挤出选区"工具实现如图 2-145 所示的模型结果。

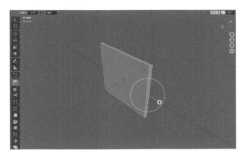

图2-144

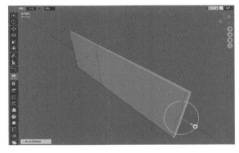

图2-145

（4）选择如图 2-146 所示的面，使用"挤出选区"工具制作出如图 2-147 所示的模型结果。

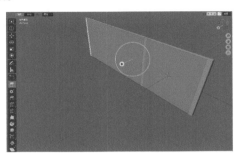

图2-146

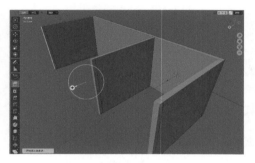

图2-147

（5）选择如图2-148所示的面，按下X键，将其删除，得到如图2-149所示的模型结果。

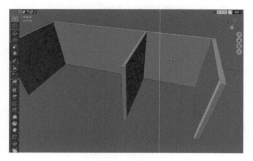

图2-148

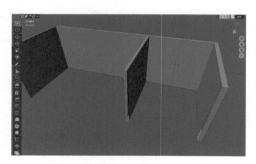

图2-149

（6）选择如图2-150所示的边线，执行菜单栏"边/桥接循环边"命令，得到如图2-151所示的模型结果。

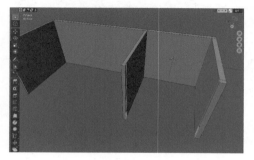

图2-150

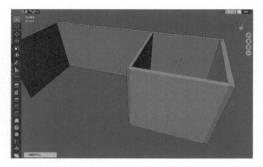

图2-151

💡 技巧与提示　选择对应的2个面也可以直接应用"桥接循环边"命令，可以得到同样的模型结果。

（7）使用同样的操作步骤制作出旁边房间的墙体模型，如图2-152所示。

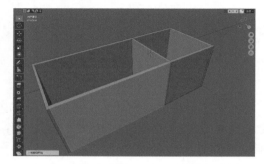

图2-152

（8）使用"环切"工具在如图2-153所示位置添加边线，准备制作墙体上的窗口结构。

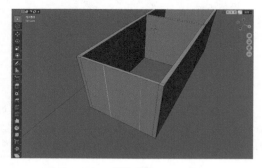

图2-153

（9）选择如图2-154所的边线，单击菜单栏"边/细分"进行连线操作，将"切割次数"设置为2，如图2-155所示。

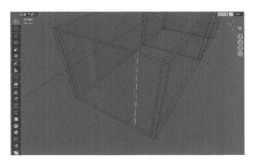

图2-154

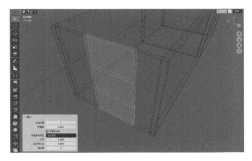

图2-155

（10）选择如图 2-156 所示的面，单击菜单栏
"边 / 桥接循环边"，得到如图 2-157 所示的模型
结果。

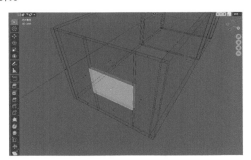

图2-156

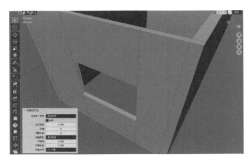

图2-157

（11）使用"环切"工具在如图 2-158 所示位置
添加边线。

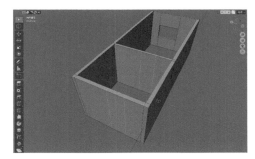

图2-158

（12）选择如图 2-159 所示的面，单击菜单栏
"边 / 桥接循环边"，得到如图 2-160 所示的模型
结果。

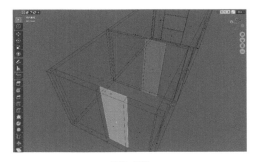

图2-159

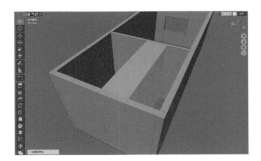

图2-160

（13）选择如图 2-161 所示的顶点，调整其位置
至如图 2-162 所示，改变墙体的厚度。

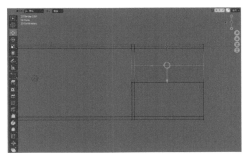

图2-161

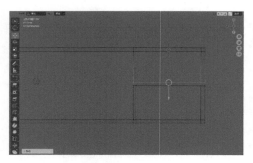

图2-162

（14）选择如图2-163所示的面，将其删除，得到如图2-164所示的模型结果。

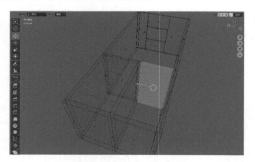

图2-163

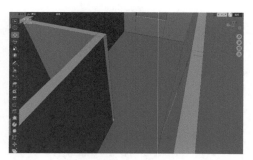

图2-164

（15）选择如图2-165所示的边线，使用"桥接循环边"命令来进行面的修补，如图2-166所示。

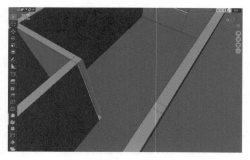

图2-165

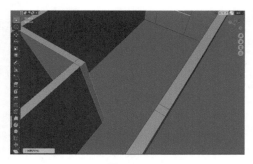

图2-166

（16）使用"环切"工具在如图2-167所示位置添加边线，准备制作门口部分。

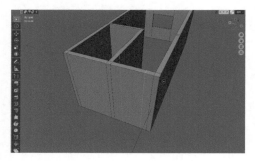

图2-167

（17）选择如图2-168所示的边线，单击菜单栏"边/细分"进行连线操作，如图2-169所示。

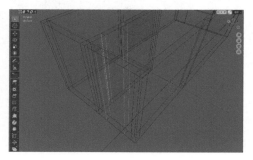

图2-168

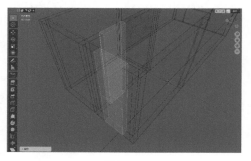

图2-169

（18）选择如图2-170所示的面，单击菜单栏

"边/桥接循环边",得到如图2-171所示的模型结果。

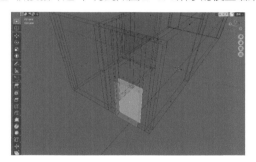

图2-170

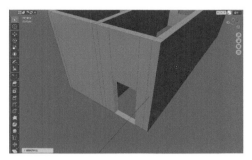

图2-171

(19)选择如图2-172所示的面,将其删除,得到如图2-173所示的模型结果。

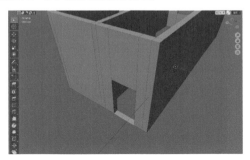

图2-172

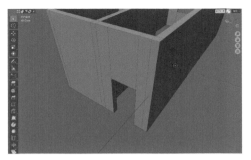

图2-173

(20)使用同样的步骤制作出旁边墙体上的门口部分,得到如图2-174所示的模型结果。

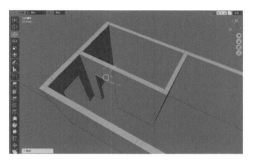

图2-174

(21)制作完成的模型如图2-175所示。

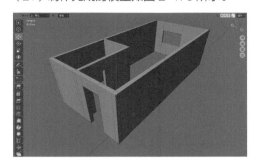

图2-175

2.3.10　实例:制作文字模型

本节,我们制作一个立体文字模型,通过此练习熟练掌握文字模型的制作技巧。图2-176所示为本实例的最终完成效果。

图2-176

（1）启动中文版 Blender 3.4，执行菜单栏"添加 / 文本"命令，即可在场景中生成一个文字模型，如图 2-177 所示。

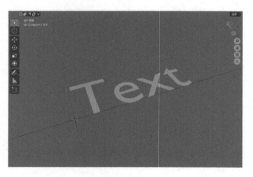

图2-177

（2）按下 Tab 键，进入"编辑模式"，文字模型后面会显示一条蓝色的线，如图 2-178 所示。这时，我们可以重新输入文字，更改文字的内容，如图 2-179 所示。

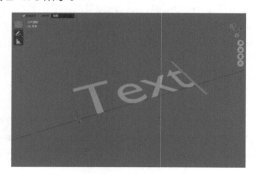

图2-178

图2-179

（3）设置完文字的内容后，再次按下 Tab 键，退出"编辑模式"，在界面右侧单击"物体数据属性"面板。展开"几何数据"卷展栏，设置"挤出"为0.1m，如图 2-180 所示。

图2-180

（4）设置完成后，文字模型的视图显示结果如图 2-181 所示。

图2-181

（5）在"倒角"卷展栏中，设置"深度"为0.02m，如图 2-182 所示。

图2-182

（6）设置完成后，文字模型的视图显示结果如图 2-183 所示。

图2-183

（7）在"倒角"卷展栏中，设置倒角的方式为"轮廓"，并调整曲线的形态至如图 2-184 所示。

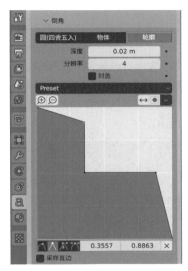

图2-184

（8）设置完成后，文字模型边缘的倒角效果如图 2-185 所示。

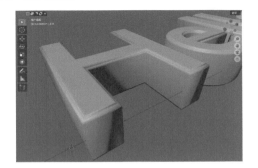

图2-185

（9）制作完成的模型如图 2-186 所示。

图2-186

2.3.11 实例：制作衣架模型

本节，我们制作一个衣架模型，通过此练习熟练掌握使用曲线工具来制作模型的方法。图 2-187 所示为本实例的最终完成效果。

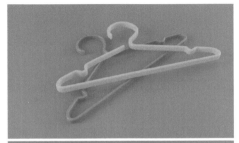

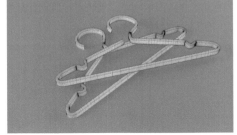

图2-187

（1）启动中文版 Blender 3.4，执行菜单栏"添加 / 曲线 /NURBS 曲线"命令，即可在场景中生成一条曲线，如图 2-188 所示。

图2-188

（2）在"顶视图"中，按下 Tab 键，进入"编辑模式"，选择如图 2-189 所示的点。

图2-189

（3）多次按下 E 键，对点进行"挤出"操作，制作出衣架的基本形状，如图 2-190 所示。

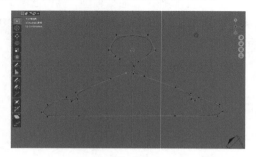

图2-190

（4）选择如图 2-191 所示的 2 个点，单击鼠标右键，在弹出的菜单中执行"细分"，则可以添加点，如图 2-192 所示。

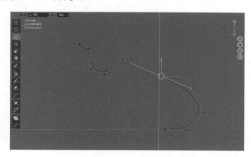

图2-191

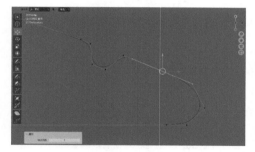

图2-192

（5）在"顶视图"中，通过调整顶点的位置来控制曲线的形状，调整完成后，再次按下 Tab 键，退出"编辑模式"，制作完成的曲线效果如图 2-193 所示。

图2-193

💡 **技巧与提示** 如果想要删除点，可以选中对应的点，按下 X 键进行删除。

（6）在"物体数据属性"面板中，展开"几何数据"卷展栏，设置"挤出"为 0.15m。展开"倒角"卷展栏，设置"深度"为 0.1m，勾选"封盖"，如图 2-194 所示。

图2-194

（7）设置完成后，曲线的视图显示结果如图 2-195 所示。

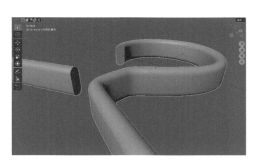

图2-195

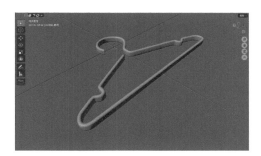

图2-196

（8）制作完成的模型如图 2-196 所示。

第 **3** 章

修改器建模

3.1　修改器概述

Blender 软件在"修改器属性"面板中提供了多种修改器，以帮助用户进行建模及完成动画设置的相关工作。这些修改器被分为 4 个大类，分别是"修改""生成""形变"和"物理"，我们可以通过单击"添加修改器"列表来为我们的模型选择合适的修改器，如图 3-1 所示。

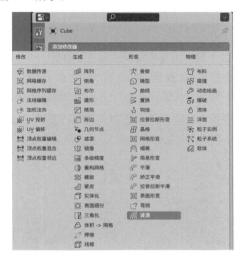

图3-1

在 Blender 软件中，我们可以为所选择的对象添加一个或多个修改器来调整模型的形态。添加完成后，这些修改器会以列表的形式自上而下地显示在"修改器属性"面板中，如图 3-2 所示。

图3-2

工具解析

编辑模式：在编辑模式下显示修改器结果。

实时：在视图中显示修改器结果。

渲染：在渲染时应用修改器。

移除修改器：删除该修改器。

3.2　建模常用修改器

设置修改器是整个建模过程中不可缺少的一个环节。Blender 软件为用户提供了许多易于操作的修改器，在本章中，我们从一些与建模有关的修改器开始学起。

3.2.1　阵列

"阵列"修改器可以快速对模型进行阵列复制，其参数设置如图 3-3 所示。

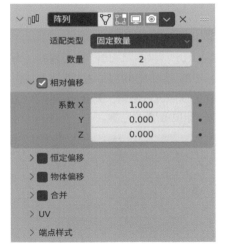

图3-3

工具解析

适配类型：用来设置阵列适配的类型，有"固定数量""适配长度""适配曲线"这 3 个类型可选。

数量：用于设置阵列的数量。

相对偏移：设置每个阵列项目之间的位置偏移数值。

恒定偏移：设置阵列项目的间距。

物体偏移：通过吸取场景中的物体来确定阵列项目的间距。

合并：根据点的距离值来确定是否合并顶点。

3.2.2 倒角

"倒角"修改器可以对模型的顶点或边进行倒角处理，其参数设置如图3-4所示。

图3-4

工具解析

"顶点/边"按钮："倒角"修改器默认为对物体的边进行倒角。我们也可以单击"顶点"按钮，切换为对物体的顶点进行倒角。图3-5和图3-6所示分别为对顶点和边倒角的结果。

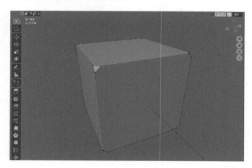

图3-5

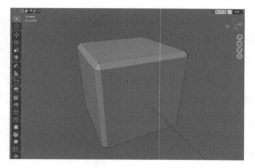

图3-6

宽度类型：设置倒角的宽度类型，有"偏移量""宽度""深度""百分比"和"绝对"这5个选项，如图3-7所示。

图3-7

（数）量：调整倒角修改器的倒角量。

段数：设置圆滑边的分段数。图3-8和图3-9所示为该值分别为1和3时的倒角结果。

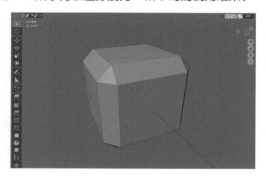

图3-8

图3-9

3.2.3 镜像

"镜像"修改器可以对模型进行镜像处理，其参数设置如图3-10所示。

图3-10

工具解析

轴向：用于设置镜像的轴向。

切分：用于设置切割网格的方向。

翻转：用于设置翻转切片的方向。

镜像物体：以吸取的方式来设置镜像轴的位置。

合并：设置镜像顶点的合并间距。

3.2.4 螺旋

"螺旋"修改器可以对模型进行螺旋处理，其参数设置如图3-11所示。

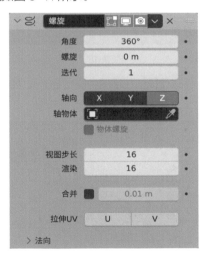

图3-11

工具解析

角度：设置"螺旋"修改器的旋转角度，默认为360°，当该值不足360°时，会生成切片式的模型结果。图3-12和图3-13所示分别为该值是270°和360°时的模型显示结果。

图3-12

图3-13

螺旋：控制轴向上的偏移效果。图3-14所示为该值是0.2m时的模型视图显示结果。

图3-14

迭代：设置螺旋的旋转次数。图3-15所示为该值是3时的模型视图显示结果。

图3-15

轴向：设置螺旋环绕的轴向。

轴物体：可以通过吸取的方式使用场景中的某一物体来设置螺旋的轴位置。

视图步长：设置螺旋的分段数。

渲染：设置渲染时螺旋的分段数。

合并：设置螺旋顶点的合并间距。

3.2.5 实体化

"实体化"修改器可以为片状模型添加厚度，其参数设置如图 3-16 所示。

图3-16

工具解析

模式：设置实体化的算法，有"简单型"和"复杂型"两种模式可选。

厚（宽）度：设置外壳厚度。

偏移量：设置从中心位置偏移的厚度。

均衡厚度：通过调整模型边缘处的角度来维持模型的整体厚度。

填充：在模型的正反面之间创建环形面。

3.2.6 实例：制作云朵模型

本节，我们制作一片云朵模型，通过此练习熟练掌握如何使用"置换"修改器来辅助建模。图 3-17 所示为本实例的最终完成效果。

（1）启动中文版 Blender 3.4，执行菜单栏"添加 / 网格 / 经纬球"命令，即可在场景中生成一个球体模型，如图 3-18 所示。

图3-17

图3-18

（2）将球体模型在视图中旋转 90°，如图 3-19 所示。

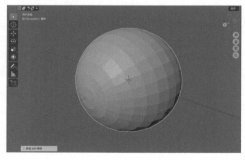

图3-19

（3）按下 Tab 键，进入"编辑模式"，在视图右上角切换至"线框模式"。选择如图 3-20 所示的面，调整其位置至如图 3-21 所示，制作出云朵的大致形状。

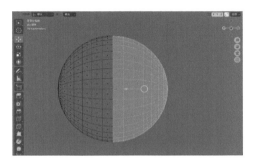

图3-20

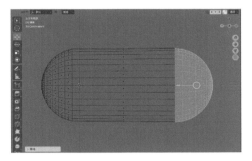

图3-21

（4）使用"环切"工具为云朵模型添加边线，如图3-22所示。

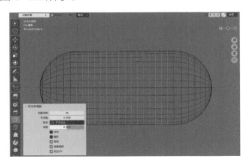

图3-22

（5）按下"衰减编辑"按钮，并设置"衰减方式"为"球状"，如图3-23所示。

图3-23

（6）在"线框模式"下选择如图3-24所示的面，按下G键、Z键调整其位置至如图3-25所示。

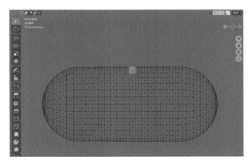

图3-24

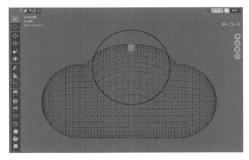

图3-25

🔍 **技巧与提示**　使用"衰减编辑"功能时，可以通过滚动鼠标滚轮来控制影响的区域大小。

（7）调整完成后，云朵模型的视图显示结果如图3-26所示。

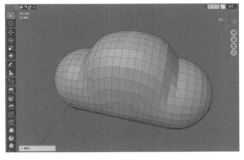

图3-26

（8）按下Tab键，退出"编辑模式"，然后为其添加"表面细分"修改器，设置"视图层级"为3，如图3-27所示。

（9）为云朵模型添加"置换"修改器，并单击"新建"按钮，如图3-28所示。

图3-27

图3-28

（10）单击"在纹理选项卡中显示纹理"按钮，如图3-29所示。

图3-29

（11）设置"纹理"的"类型"为"沃罗诺伊图"，"尺寸"为1，如图3-30所示。

图3-30

（12）设置完成后，云朵模型的视图显示结果如图3-31所示。

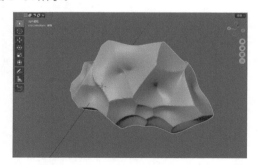

图3-31

（13）在"修改器属性"面板中，设置"置换"修改器的"强度/力度"为-0.5，如图3-32所示。

图3-32

（14）制作完成的模型如图 3-33 所示。

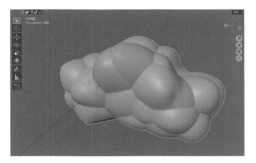

图3-33

💡 技巧与提示　我们还可以通过更改"沃罗诺伊图"的"尺寸"值来调整云朵模型的细节。图 3-34 和图 3-35 所示为不同"尺寸"值的云朵模型显示结果。

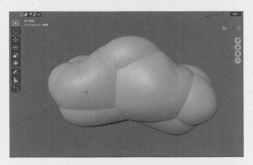

图3-34

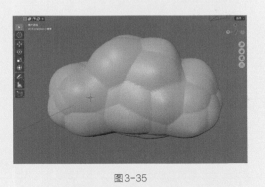

图3-35

3.2.7　实例：制作酒杯模型

本节，我们制作一个酒杯模型，通过此练习熟练掌握如何使用"螺旋"修改器来辅助建模。图 3-36 所示为本实例的最终完成效果。

图3-36

（1）启动中文版 Blender 3.4，我们可以使用场景中自带的立方体模型来进行酒杯模型的制作，如图 3-37 所示。

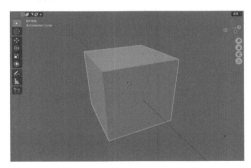

图3-37

（2）按下 Tab 键，进入"编辑模式"，选择如图 3-38 所示的点。

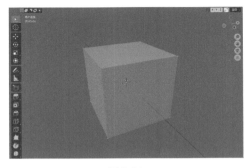

图3-38

（3）按下 M 键，在弹出的菜单中执行"合并 / 到中心"命令，如图 3-39 所示。

图3-39

（4）这样，我们就得到了一个点，如图3-40所示。

图3-40

（5）按下组合键"option（Alt）+ 鼠标中键"，将视图调整至"前视图"，选择点，多次按下 E 键，对点进行挤出操作，制作出酒杯模型的剖面效果，如图 3-41 所示。

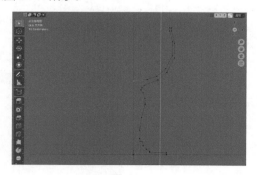

图3-41

💡 技巧与提示　如果顶点绘制多了，不要按X键进行顶点删除，因为这样会使得剖面断开。应该选择相邻的顶点，按M键，进行合并操作。

（6）选择所有点，如图 3-42 所示。在"修改器属性"面板中为其添加"螺旋"修改器，并勾选"合并"，如图 3-43 所示。

图3-42

图3-43

（7）设置完成后，我们可以看到酒杯模型的基本形态如图 3-44 所示。

图3-44

（8）在"修改器属性"面板中，为酒杯模型添加"表面细分"修改器，设置"视图层级"为3，"渲染"为3，如图 3-45 所示。

图3-45

（9）设置完成后，酒杯模型的视图显示结果如图 3-46 所示。

图3-46

（10）制作完成的模型如图 3-47 所示。

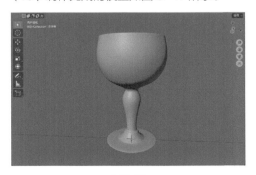

图3-47

3.2.8 实例：制作松树模型

本节，我们制作一个卡通松树模型，通过此练习熟练掌握如何使用"阵列"修改器来辅助建模。图 3-48 所示为本实例的最终完成效果。

图3-48

（1）启动中文版 Blender 3.4，我们可以使用场景中自带的立方体模型来进行松树叶片模型的制作，如图 3-49 所示。

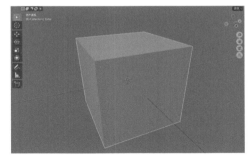

图3-49

（2）按下 Tab 键，进入"编辑模式"，选择如图 3-50 所示的顶点，使用"缩放"工具调整其形态至如图 3-51 所示。

图3-50

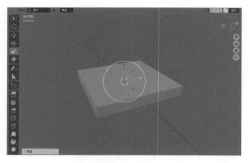

图3-51

（3）使用"环切"工具为模型添加边线，如图3-52和图3-53所示。

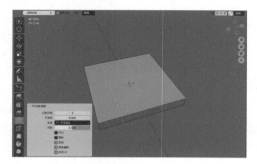

图3-52

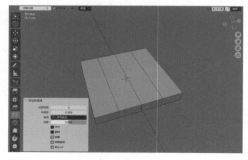

图3-53

（4）在"顶视图"中，调整模型的顶点位置至如图3-54所示，制作出松树叶片的基本形状。

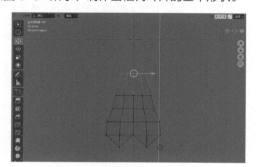

图3-54

（5）选择松树叶片模型上的所有面，旋转其角度至如图3-55所示。

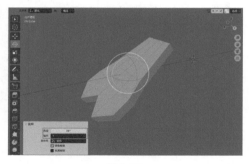

图3-55

（6）按下Tab键，退出"编辑模式"，进入"物体模式"。执行菜单栏"添加/空物体/纯轴"命令，在场景中创建一个纯轴，如图3-56所示。

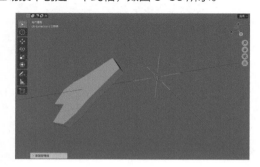

图3-56

（7）选择松树叶片模型，在"修改器属性"面板中，为其添加"表面细分"修改器，如图3-57所示，得到如图3-58所示的模型结果。

图3-57

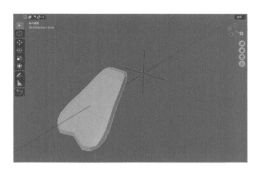

图3-58

（8）在"修改器属性"面板中，为其添加"阵列"修改器，设置"数量"为12，"系数X"为0，勾选"物体偏移"，设置"物体"为空物体，如图3-59所示。

图3-59

（9）接下来，选择场景中的纯轴，沿Z轴旋转30°，即可得到如图3-60所示的模型结果。

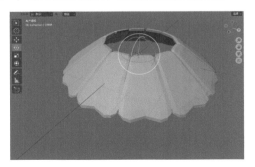

图3-60

（10）选择松树树叶模型，按下Tab键，在"编

辑模式"下，继续调整树叶模型的形态至如图3-61所示。

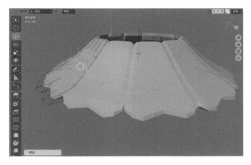

图3-61

（11）在场景中再次创建一个纯轴，并调整其位置至如图3-62所示。

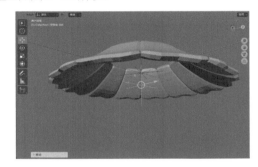

图3-62

（12）选择松树树叶模型，再次添加一个"阵列"修改器，设置"数量"为5，"系数X"为0，勾选"物体偏移"，设置"物体"为空物体.001，如图3-63所示。

图3-63

（13）设置完成后，松树树叶的视图显示结果如图 3-64 所示。

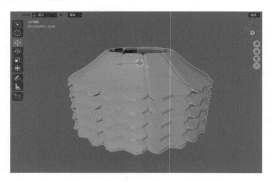

图3-64

（14）选择第二个纯轴，调整其位置和大小即可得到如图 3-65 所示的松树树叶模型。

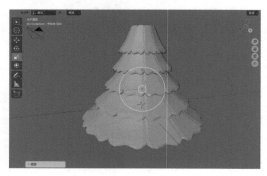

图3-65

（15）执行菜单栏"添加／网格／立方体"命令，在场景中创建一个立方体模型，并调整其位置至如图 3-66 所示。

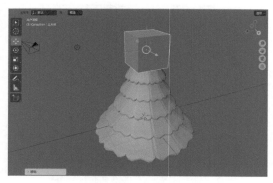

图3-66

（16）按下 Tab 键，进入"编辑模式"，使用"环切"工具为其添加边线，如图 3-67 所示。

（17）选择如图 3-68 所示的面，使用"挤出"工具实现如图 3-69 所示的结果。

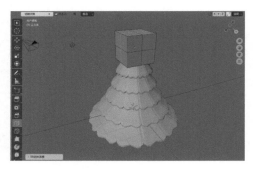

图3-67

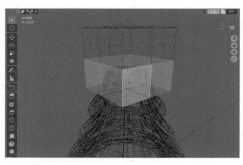

图3-68

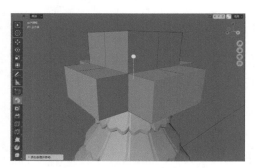

图3-69

（18）将所选择面的轴心点设置为"各自的原点"，如图 3-70 所示。使用"缩放"工具调整所选择面的大小至如图 3-71 所示，制作出松树顶部的基本形态。

图3-70

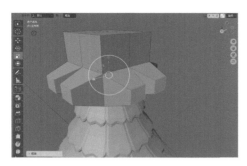

图3-71

（19）使用"缩放"工具调整松树顶部的模型，如图 3-72 所示。

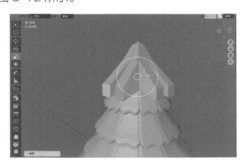

图3-72

（20）在"修改器属性"面板中，为其添加"表面细分"修改器，如图 3-73 所示，得到如图 3-74 所示的模型结果。

图3-73

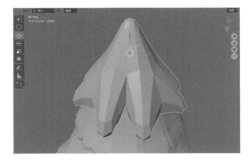

图3-74

（21）选择制作完成的松树树叶和顶部模型，单击鼠标右键并执行"转换到 / 网格"命令，如图 3-75 所示。

图3-75

（22）执行菜单栏"添加 / 网格 / 柱体"命令，在场景中创建一个圆柱体，用作松树模型的树干，如图 3-76 所示。

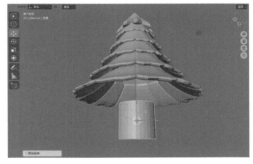

图3-76

（23）使用"缩放"工具和"移动"工具调整柱体的形状和位置至如图 3-77 所示。

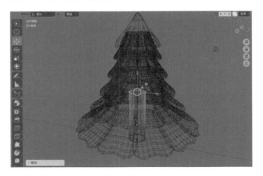

图3-77

（24）制作完成的模型如图 3-78 所示。

图3-78

3.2.9 实例：制作排球模型

本节，我们制作一个排球模型，通过此练习熟练掌握如何使用"拆边"和"铸型"修改器来辅助建模。图3-79所示为本实例的最终完成效果。

图3-79

（1）启动中文版 Blender 3.4，我们可以使用场景中自带的立方体模型来进行排球模型的制作，如图3-80所示。

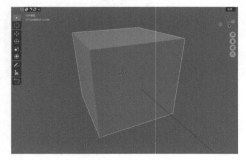

图3-80

（2）按下 Tab 键，进入"编辑模式"，选择如图3-81所示的2条边线，执行菜单栏"边/细分"命令，在所选择的2条边线之间进行连线，如图3-82所示。

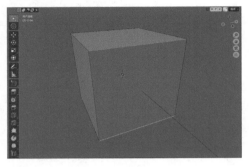

图3-81

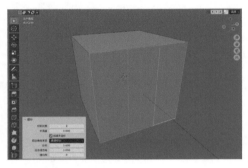

图3-82

（3）使用同样的操作步骤为其他的边进行连线，实现如图3-83所示的结果。

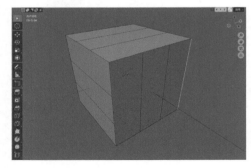

图3-83

技巧与提示 我们还可以使用组合键"Shift+R"来重复上一次操作。

（4）按下 Tab 键，退出"编辑模式"，进入"物体模式"。在"修改器属性"面板中为其添加"拆边"修改器，并设置"边夹角"为0°，如图3-84所示。

图3-84

（5）在"修改器属性"面板中为其添加"表面细分"修改器，设置细分的方式为"简单型"，"视图层级"为4，"渲染"为4，如图3-85所示。

图3-85

（6）在"修改器属性"面板中为其添加"铸型"修改器，设置"系数"为1，如图3-86所示。设置完成后，排球模型的视图显示结果如图3-87所示。

图3-86

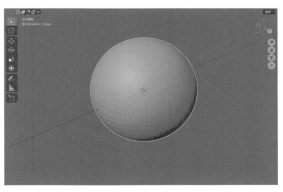

图3-87

（7）在"修改器属性"面板中为其添加"实体化"修改器，设置"厚（宽）度"为-0.4m，如图3-88所示。设置完成后，排球模型的视图显示结果如图3-89所示。

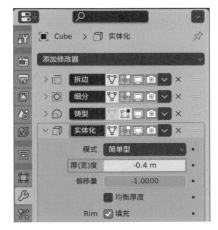

图3-88

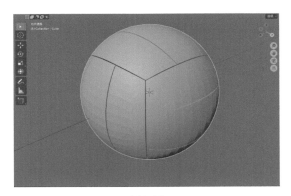

图3-89

（8）选择排球模型，单击鼠标右键并执行"平滑着色"命令，如图3-90所示。

（9）设置完成后，制作完成的模型如图3-91所示。

图3-90

图3-91

第4章

灯光技术

4.1 灯光概述

　　灯光设置，一直以来都属于三维动画制作里的高难度技术。任何三维制作工作只要进行到了灯光设置这一步，那么距离渲染输出就不远了，这也意味着整个项目即将完成。Blender 3.4 为用户提供的灯光命令并不太多，但是这并不意味着灯光设置学习起来就非常容易。灯光设置的核心主要在于颜色和强度这两个方面，即便是同一个场景，在不同的时间段、不同的天气下所拍摄的照片，其色彩与亮度也大不相同，所以在为场景进行灯光设置之前，优秀的灯光师通常需要寻找大量素材进行参考，这样才能制作出更加真实的灯光效果。图 4-1和图 4-2 为我拍摄的室外环境照片。

图4-1　　　　　　　　　　　　　　　　　　　图4-2

　　使用灯光不仅可以影响其周围物体表面的光泽和颜色，还可以渲染出镜头光斑、体积光等特殊效果。图 4-3 和图 4-4 所示分别为我拍摄的一些带有镜头光斑及体积光效果的照片。在 Blender 软件中，单纯地设置灯光参数并没有意义，其通常需要同模型及模型的材质共同作用，才能实现丰富的色彩和明暗对比效果，从而使我们的三维图像达到照片级别的效果。

图4-3　　　　　　　　　　　　　　　　　　　图4-4

4.2 灯光

　　中文版 Blender 3.4 为用户提供了 4 种灯光，分别是"点光""日光""聚光"和"面光"，如图 4-5 所示。

图4-5

4.2.1　点光

当我们新建场景文件时，场景中自动添加的灯光就是点光，如图4-6所示。其参数设置如图4-7所示。

图4-6

图4-7

工具解析

颜色：设置灯光的颜色。

能量：设置灯光的照射强度。

漫射：设置灯光的漫射系数。

高光：设置灯光的高光系数。

体积（音量）：设置灯光的体积系数。

半径：设置灯光的软阴影效果。

4.2.2　日光

当我们将灯光设置为日光后，灯光的视图显示结果如图4-8所示。其参数设置如图4-9所示。

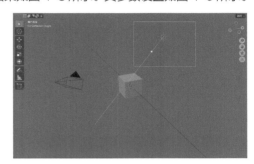

图4-8

图4-9

工具解析

颜色：设置灯光的颜色。

强度／力度：设置灯光的照射强度。

漫射：设置灯光的漫射系数。

高光：设置灯光的高光系数。

体积（音量）：设置灯光的体积系数。

角度：模拟从地球上看到日光的角度。

4.2.3 聚光

当我们将灯光设置为聚光后，灯光的视图显示结果如图 4-10 所示。其参数设置如图 4-11 所示。

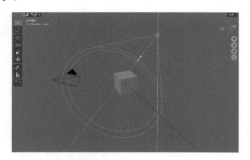

图4-10

图4-11

工具解析

颜色：设置灯光的颜色。

能量：设置灯光的照射强度。

漫射：设置灯光的漫射系数。

高光：设置灯光的高光系数。

体积（音量）：设置灯光的体积系数。

半径：设置灯光的软阴影效果。

尺寸：设置聚光的照射范围。图 4-12 和图 4-13 所示分别为该值是 50 和 80 时的视图显示结果。

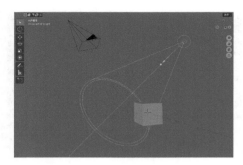

图4-12

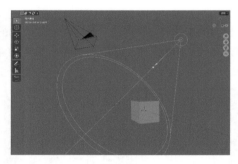

图4-13

混 合：设 置 聚 光 照 射 范 围 的 边 缘 效 果。图 4-14 和图 4-15 所示分别为该值是 0.1 和 0.5 时的视图显示结果。

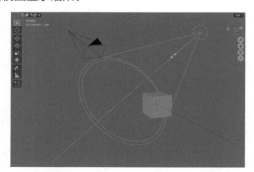

图4-14

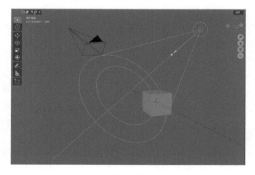

图4-15

显示区域：勾选该选项可以在视图中显示出灯光

的照射区域，如图 4-16 所示。

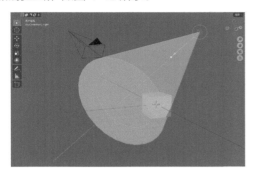

图4-16

4.2.4　面光

当我们将灯光设置为面光后，灯光的视图显示结果如图 4-17 所示。其参数设置如图 4-18 所示。

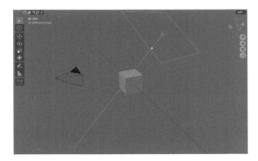

图4-17

图4-18

工具解析

颜色：设置灯光的颜色。
能量：设置灯光的照射强度。
漫射：设置灯光的漫射系数。
高光：设置灯光的高光系数。
体积（音量）：设置灯光的体积系数。
形状：设置灯光的形状，有"长方体""正方体""碟形"和"椭圆形"4 种可选。
X 尺寸 /Y：分别设置灯光 X 和 Y 方向的尺寸。

4.2.5　实例：制作室内天光照明效果

本实例中，我们通过制作室内天光照明效果来为读者详细讲解一下灯光的设置方法。图 4-19 所示为本实例的最终完成效果。

图4-19

（1）启动中文版 Blender 3.4，打开配套场景文件"客厅 .blend"，这是一个客厅的场景，里面放置了沙发、茶几和一些摆件的模型，并且已经设置好了材质和摄像机，如图 4-20 所示。

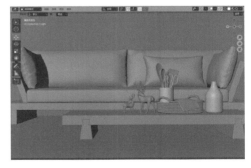

图4-20

（2）在视图右上角将视图着色方式切换为"线框"，执行菜单栏"添加 / 灯光 / 面光"命令，在场景中创建一个面光，如图 4-21 所示。

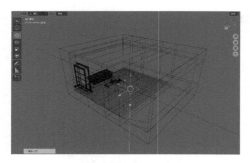

图4-21

（3）将面光移动至客厅模型的外面，并对其进行旋转，沿x轴旋转90°，如图4-22所示。

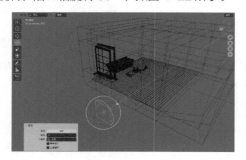

图4-22

（4）在"顶视图"中，调整面光的位置至如图4-23所示。

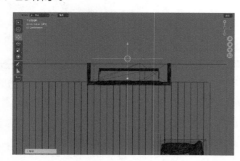

图4-23

（5）在"后视图"中，调整灯光的位置至窗户模型处，如图4-24所示。

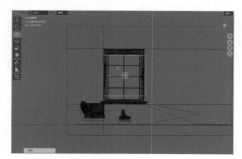

图4-24

（6）在"物体数据属性"面板中，设置灯光的"能量"为300W，"形状"为长方形，如图4-25所示。

图4-25

（7）在场景中选择面光，并将鼠标放置于面光边缘，当面光边缘呈黄色高亮显示状态时，可以以拖动的方式来调整面光的大小，使其与窗户模型大小接近，如图4-26所示。

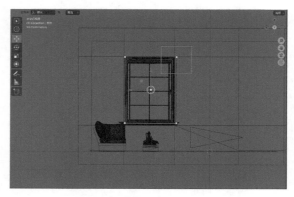

图4-26

（8）选择灯光，按下组合键"Shift+D"，对灯光进行复制，并调整其位置至如图4-27所示位置。

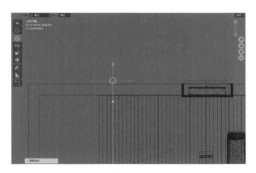

图4-27

（9）在"复制物体"卷展栏中，勾选"关联"，这样，以后我们调整灯光参数时，场景中的2个灯光的参数会一起变化，如图4-28所示。

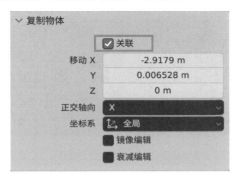

图4-28

（10）在"渲染属性"面板中，设置"渲染引擎"为Cycles，"渲染"的"最大采样"为2048，如图4-29所示。

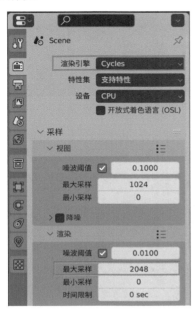

图4-29

（11）在"输出属性"面板中，设置"分辨率X"为1300px，"分辨率Y"为800px，如图4-30所示。

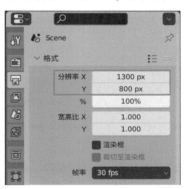

图4-30

（12）在视图中单击摄像机形状的"切换摄像机视角"按钮，将视图切换至"摄像机视图"，再单击视图上方右侧的"渲染"按钮，将视图着色方式设置为"渲染"，如图4-31所示，我们就可以在视图中查看设置了灯光后的场景渲染预览效果了，如图4-32所示。

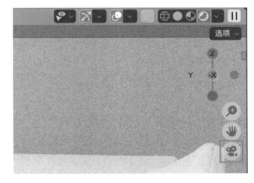

图4-31

图4-32

（13）执行菜单栏"渲染/渲染图像"命令，渲染场景，本实例的最终渲染结果如图4-33所示。

图4-33

（14）执行菜单栏"图像/保存"命令，即可将渲染图像保存到本地硬盘上，如图4-34所示。

图4-34

4.2.6　实例：制作室内阳光照明效果

本实例中，我们使用上一节中的场景，通过制作室内阳光照明效果来为读者详细讲解一下灯光的使用方法。图4-35所示为本实例的最终完成效果。

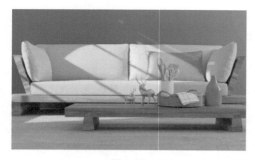

图4-35

（1）启动中文版Blender 3.4，打开配套场景文件"客厅.blend"，这是一个客厅的场景，里面放置了沙发、茶几和一些摆件的模型，并且已经设置好了材质和摄像机，如图4-36所示。

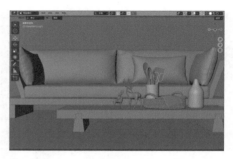

图4-36

（2）将视图着色方式切换为"线框"，执行菜单栏"添加/灯光/日光"命令，在场景中创建一个日光，如图4-37所示。

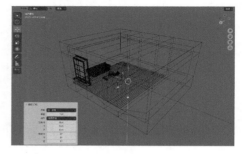

图4-37

（3）在"右视图"中，调整日光的位置至房间模型的外面，如图4-38所示。

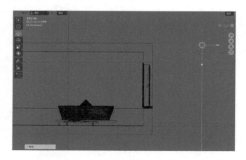

图4-38

（4）调整日光的目标点位置至如图4-39所示，使得日光从窗外照入室内。

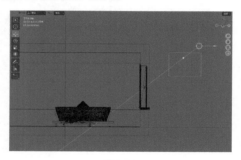

图4-39

（5）在"顶视图"中，调整日光的目标点位置至如图 4-40 所示，使得日光从斜上方照入室内。

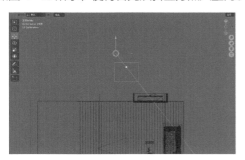

图4-40

（6）在"渲染属性"面板中，设置"渲染引擎"为 Cycles，"渲染"的"最大采样"为 2048，如图 4-41 所示。

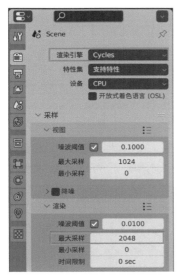

图4-41

（7）将视图着色方式切换至"渲染"后，在"透视视图"中观察日光穿透窗户在沙发上产生的投影效果，如图 4-42 所示。

图4-42

（8）将视图切换至"摄像机视图"，再次观察渲染预览效果，如图 4-43 所示。我们可以看到目前的灯光较暗。

图4-43

（9）在"物体数据属性"面板中，设置灯光的"强度/力度"为 20，如图 4-44 所示。这时，场景的渲染预览效果如图 4-45 所示。

图4-44

图4-45

（10）执行菜单栏"添加/灯光/面光"命令，在场景中创建一个面光，如图 4-46 所示，用来当作辅助灯光，提亮画面中较暗的部分。

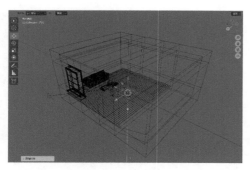

图4-46

（11）调整面光的位置至窗口处，并使其由室外照入室内，如图4-47所示。

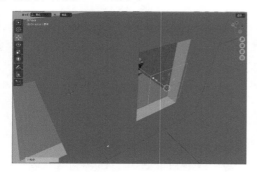

图4-47

（12）在"物体数据属性"面板中，设置灯光的"能量"为200W，"形状"为长方形，如图4-48所示。

图4-48

（13）在"前视图"中，将面光的大小调整至与窗口大小接近，如图4-49所示。

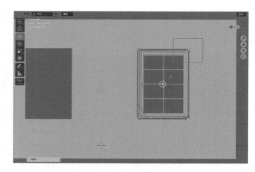

图4-49

（14）设置完成后，场景的渲染预览效果如图4-50所示。

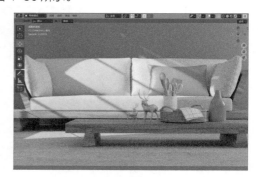

图4-50

（15）在"输出属性"面板中，设置"分辨率X"为1300px，"分辨率Y"为800px，如图4-51所示。

图4-51

（16）执行菜单栏"渲染/渲染图像"命令，渲染场景，本实例的最终渲染结果如图4-52所示。

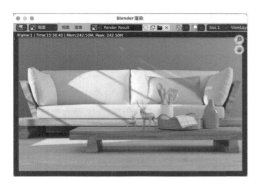

图4-52

4.2.7　实例：制作室外环境照明效果（一）

中文版 Blender 3.4 为用户提供了 2 种较为方便的制作室外环境照明的方法。本实例先为读者详细讲解第 1 种制作室外环境照明效果的方法。需要读者注意的是，本实例中不需要设置任何灯光。图 4-53 所示为本实例的最终完成效果。

图4-53

（1）启动中文版 Blender 3.4，打开配套场景文件"汽车 .blend"，这个场景里面有一个低精度的玩具汽车模型，并且已经设置好了材质和摄像机，如图 4-54 所示。

图4-54

（2）按下 Z 键，在弹出的菜单中执行"材质预览"，将视图切换为"材质预览"状态，观察一下汽车模型的材质情况，如图 4-55 所示。

图4-55

（3）按下 Z 键，在弹出的菜单中执行"渲染"，将视图切换为"渲染预览"状态，观察一下汽车模型的渲染预览结果，如图 4-56 所示。

图4-56

（4）在"渲染属性"面板中，设置"渲染引擎"为 Cycles，"渲染"的"最大采样"为 2048，如图 4-57 所示。

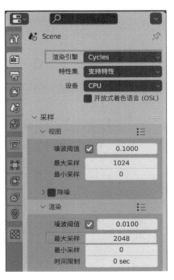

图4-57

（5）更换了渲染引擎后，汽车模型的渲染预览结果如图4-58所示。

图4-58

（6）在场景中选择场景里自带的灯光，如图4-59所示，将其删除。

图4-59

（7）在"世界属性"面板中，单击"颜色"后面的黄色圆点按钮，在弹出的菜单中执行"天空纹理"命令，如图4-60所示。

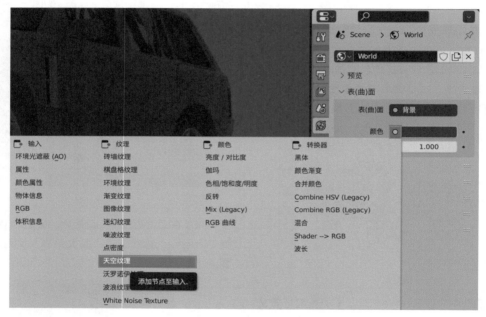

图4-60

（8）设置完成后，汽车模型的渲染预览结果如图4-61所示。

图4-61

（9）在"世界属性"面板中，设置"太阳尺寸"为2°，"太阳高度"为12°，"太阳旋转"为-48°，调整太阳的大小和太阳在天空中的位置；设置"强力/力度"为0.1，降低天空的光照强度，如图4-62所示。

（10）设置完成后，汽车模型的渲染预览结果如图4-63所示。

（11）在"世界属性"面板中，设置"空气"为2，"臭氧"为5，如图4-64所示。

图4-62

图4-63

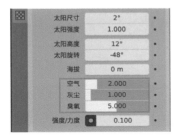

图4-64

（12）设置完成后，汽车模型的渲染预览结果如图4-65所示。

图4-65

（13）在"输出属性"面板中，设置"分辨率 X"为1300px，"分辨率 Y"为800px，如图4-66所示。

图4-66

（14）执行菜单栏"渲染/渲染图像"命令，渲染场景，本实例的最终渲染结果如图4-67所示。

图4-67

4.2.8　实例：制作室外环境照明效果（二）

本实例中，我来为读者详细讲解一下如何使用第2种方法来制作室外环境照明效果。需要读者注意的是，本实例中也不需要设置任何灯光。图4-68所示为本实例的最终完成效果。

图4-68

（1）启动中文版 Blender 3.4，打开配套场景文件"汽车.blend"，这个场景里面有一个低精度的玩具汽车模型，并且已经设置好了材质和摄像机，如图4-69所示。

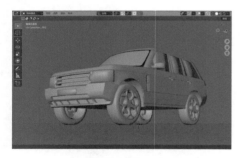

图4-69

（2）在场景中选择场景里自带的灯光，如图4-70所示，将其删除。

图4-70

（3）在"渲染属性"面板中，设置"渲染引擎"为Cycles，"渲染"的"最大采样"为2048，如图4-71所示。

图4-71

（4）执行菜单栏"编辑/偏好设置"命令，如图4-72所示。

图4-72

（5）在系统弹出的"Blender偏好设置"面板中，单击"插件"按钮后，勾选"光照: Dynamic Sky"选项，如图4-73所示。

图4-73

💡 **技巧与提示** 该插件是Blender 3.4自带的，无须另外安装。

（6）在"创建"面板中，单击"Dynamic sky"（动力学天空）卷展栏中的"Create"（创建）按钮，如图4-74所示。

图4-74

（7）在“世界属性”面板中，单击“浏览要关联的环境设置”按钮，在弹出的菜单中执行“0 Dynamic_1”命令，如图4-75所示。

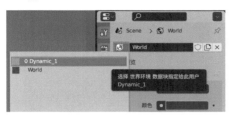

图4-75

（8）设置完成后，在“摄像机视图”中开启“渲染预览”，汽车模型的渲染预览结果如图4-76所示。

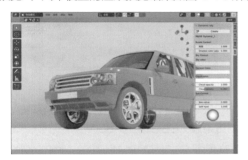

图4-76

（9）在“Dynamic sky”卷展栏中，设置“Sky Color”（天空颜色）为蓝色，“Horizon Color”（地平线颜色）为浅黄色，“Cloud density”（云密度）为0.5，“Sun value”（太阳值）为1.2，将鼠标放置在球体上，按住鼠标左键并拖动，可以调整日光的照射角度，并对汽车在地面上的投影产生影响，如图4-77所示。

图4-77

技巧与提示 中文版Blender 3.4中“Dynamic sky”卷展栏中的参数，目前仍然是用英文显示的。

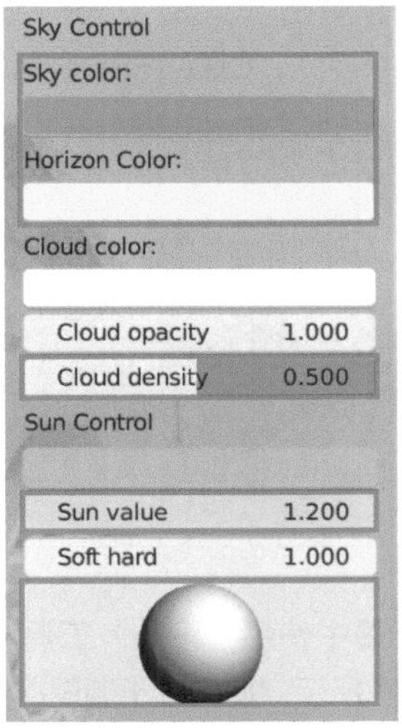

（10）设置完成后，汽车模型的渲染预览结果如图4-78所示。

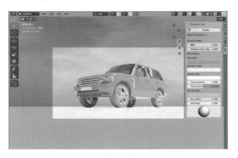

图4-78

（11）在“输出属性”面板中，设置“分辨率X”为1300px,“分辨率Y”为800px，如图4-79所示。

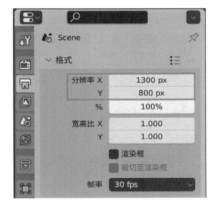

图4-79

（12）执行菜单栏“渲染/渲染图像”命令，渲染场景，本实例的最终渲染结果如图4-80所示。

图4-80

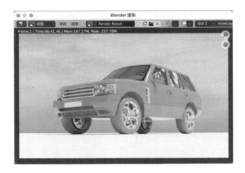

4.2.9 实例：制作射灯照明效果

本实例中，我来为读者详细讲解一下如何使用 IES 文件来制作射灯照明效果。图 4-81 所示为本实例的最终完成效果。

图4-81

（1）启动中文版 Blender 3.4，打开配套场景文件"珊瑚 .blend"，这个场景里面有一个珊瑚造型的摆件模型，并且已经设置好了材质和摄像机，如图 4-82 所示。

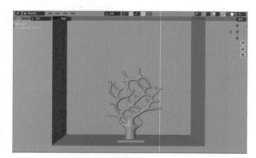

图4-82

（2）场景中保留了软件新建场景时自带的灯光，如图 4-83 所示。

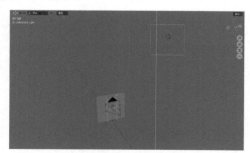

图4-83

（3）在"渲染属性"面板中，设置"渲染引擎"为 Cycles，"渲染"的"最大采样"为 2048，如图 4-84 所示。

图4-84

（4）在"摄像机视图"中开启"渲染预览"，本实例的渲染预览结果如图 4-85 所示。

图4-85

（5）执行菜单栏"添加 / 灯光 / 点光"命令，在场景中创建一个点光，如图 4-86 所示。

图4-86

（6）在场景中使用"移动"工具调整灯光的位置至如图 4-87 所示。使其位于珊瑚摆件的上方。

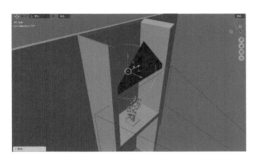

图4-87

图4-88

（7）在"物体数据属性"面板中，展开"节点"卷展栏，单击"使用节点"按钮，如图4-88所示。

（8）在"着色器编辑器"面板中，执行菜单栏"添加/纹理/IES纹理"命令，如图4-89所示。

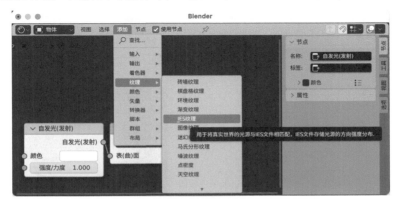

图4-89

> 💡 **技巧与提示**　　"着色器编辑器"面板位于Shading工作区的下方，或者可以执行菜单栏"窗口/新建窗口"命令，单击该窗口左上角的"编辑器类型"按钮，在弹出的菜单中选择"着色器编辑器"。

（9）将"IES纹理"的"系数"连接至"自发光（发射）"的"颜色"上，如图4-90所示。

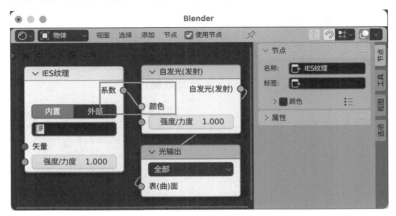

图4-90

（10）在"物体数据属性"面板中，设置"源"为"外部"，并单击下方文件夹形状的按钮，浏览本书配套资源文件"射灯c.ies"，如图4-91所示。

图4-91

（11）设置完成后，摄像机视图的渲染预览结果如图4-92所示。

图4-92

（12）在"物体数据属性"面板中，设置点光的"颜色"为黄色，"能量"为100mW，"半径"为0m，如图4-93所示。

图4-93

💡 技巧与提示　"能量"值的默认单位为W，当我们输入0.1后，其单位会自动更改为mW。

（13）设置完成后，摄像机视图下的渲染预览结果如图4-94所示。

图4-94

（14）执行菜单栏"渲染/渲染图像"命令，渲染场景，本实例的最终渲染结果如图4-95所示。

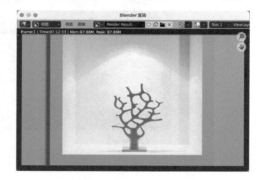

图4-95

4.2.10　实例：制作产品展示照明效果

本实例中，我来为读者详细讲解一下如何制作产品展示照明效果。图4-96所示为本实例的最终完成效果。

图4-96

（1）启动中文版 Blender 3.4，打开配套场景文件"产品 .blend"，这个场景里面有一组罐子的模型，并且已经设置好了材质和摄像机，如图 4-97 所示。

图4-97

（2）首先我们分析一下场景文件。产品展示不单对灯光有要求，常常还对周围的环境有一定的要求。尤其是表现一些会反射和折射光照的产品时，更是如此。在本实例中，我制作了一个简单的房间模型。在房间内部还有一个幕布模型，如图 4-98 所示。

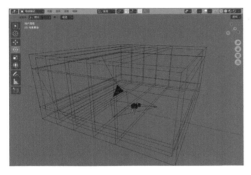

图4-98

（3）执行菜单栏"添加 / 灯光 / 面光"命令，在场景中创建一个面光，如图 4-99 所示。

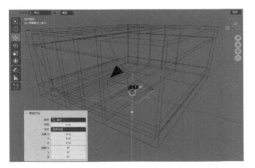

图4-99

（4）将面光移动至房屋模型的外面，并对其进行旋转，如图 4-100 所示。

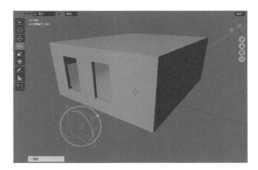

图4-100

（5）在"前视图"中，调整灯光的位置至窗户模型处，如图 4-101 所示。

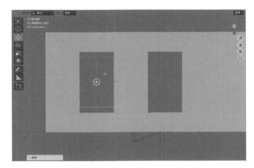

图4-101

（6）在"物体数据属性"面板中，设置灯光的"能量"为 20W，"形状"为长方形，如图 4-102 所示。

图4-102

（7）在场景中选择面光，并将鼠标放置于面光边缘，当面光边缘呈黄色高亮显示状态时，可以以拖动的方式来调整面光的大小，使其与窗户模型大小接近，如图 4-103 所示。

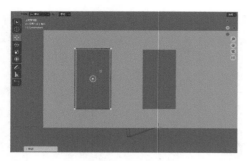

图4-103

（8）将视图着色方式切换为"线框"，在"顶视图"中，调整面光的位置至如图4-104所示。

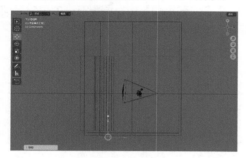

图4-104

（9）选择灯光，按下组合键"Shift+D"，对灯光进行复制，并调整其位置至如图4-105所示位置。

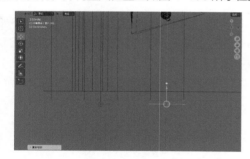

图4-105

（10）在"复制物体"卷展栏中，勾选"关联"，这样，以后我们调整灯光参数时，场景中2个灯光的参数会一起产生变化，如图4-106所示。

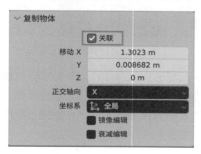

图4-106

（11）在"渲染属性"面板中，设置"渲染引擎"为Cycles，"渲染"的"最大采样"为2048，如图4-107所示。

图4-107

（12）设置完成后，在"摄像机视图"下打开"渲染预览"，预览结果如图4-108所示。

图4-108

（13）选择灯光，按下组合键"Shift+D"，再次对灯光进行复制，并调整其位置至如图4-109所示位置。

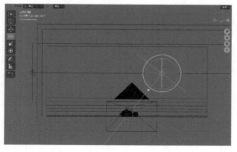

图4-109

（14）在"物体数据属性"面板中，设置灯光的"能量"为35W，如图4-110所示。

图4-110

（15）设置完成后，"摄像机视图"下的预览结果如图4-111所示。

图4-111

（16）在"输出属性"面板中，设置"分辨率X"为1300px，"分辨率Y"为800px，如图4-112所示。

图4-112

（17）执行菜单栏"渲染/渲染图像"命令，渲染场景，本实例的最终渲染结果如图4-113所示。

图4-113

第 **5** 章

摄像机技术

5.1　摄像机概述

　　Blender 的摄像机功能中所包含的参数命令与单反相机或手机中的相机功能参数非常相似，比如焦距、光圈、尺寸等，如果用户是一个摄像爱好者，那么学习本章的内容将会得心应手。当我们新建一个场景文件时，Blender 会自动在场景中添加一个摄像机，当然，我们也可以为我们的场景创建多个摄像机来记录不同角度下的场景。摄像机的参数较少，但是这并不意味着每个人都可以轻松学习和掌握摄像机技术，学习摄像机技术就像学习拍照一样，读者最好额外学习一些构图方面的知识，或在日常生活中通过摄影练习构图技巧，如图 5-1 和图 5-2 所示。

图5-1

图5-2

5.2　摄像机

5.2.1　创建摄像机

　　执行菜单栏"添加/摄像机"命令，即可在场景中游标位置处创建一个摄像机，如图 5-3 所示。

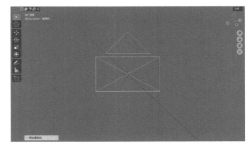

图5-3

　　摄像机的参数设置如图 5-4 所示。

图5-4

工具解析

　　类型：设置摄像机的类型，有"透视""正交"和"全景"3 种可选。

焦距：设置摄像机的焦距值。

镜头单位：设置摄像机的镜头单位，有"毫米"和"视野"2种可选。

X向移位/Y：分别设置摄像机X/Y方向的偏移值。

裁剪起点：设置摄像机裁剪的起点位置。

结束点：设置摄像机裁剪的结束点位置。

5.2.2　活动摄像机

有些时候我们需要在场景中创建多个摄像机来记录画面，但是当我们渲染场景时，Blender 3.4 只会渲染活动摄像机视角下的图像。场景中只允许有一个活动摄像机，我们可以通过摄像机上的黑色三角形来判断哪个摄像机现在为活动摄像机，如图5-5所示。

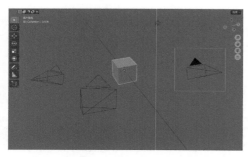

图5-5

我们可以在"大纲视图"面板中，单击特定摄像机后面的摄像机图标，来设置该摄像机为活动摄像机。被设置为活动摄像机后，其摄像机图标的背景颜色会变深，如图5-6所示。

图5-6

我们也可以选择摄像机，单击鼠标右键，在弹出的菜单中执行"设置活动摄像机"命令，来设置所选择的摄像机为活动摄像机，如图5-7所示。

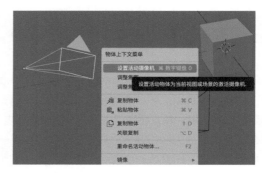

图5-7

5.2.3　实例：调整摄像机角度

本实例中，我来为读者详细讲解一下摄像机的使用方法。图5-8所示为本实例的最终完成效果。

图5-8

（1）启动中文版 Blender 3.4，打开配套场景文件"餐具 .blend"，该场景是对一组餐具的产品展示，并且已经设置好了材质和灯光，如图5-9所示。

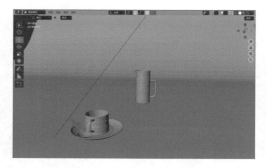

图5-9

（2）将视图着色方式切换为"线框"，执行菜单栏"添加 / 摄像机"命令，在场景中创建一个摄像机，如图5-10所示。

（3）在"顶视图"中，调整摄像机的位置和角度至如图5-11所示。

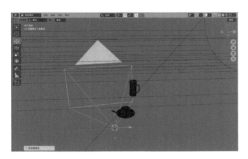

图5-10

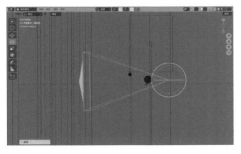

图5-11

（4）在"前视图"中，调整摄像机的位置和角度至如图5-12所示。

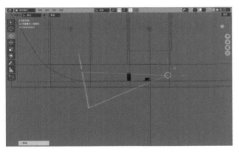

图5-12

（5）单击视图上方右侧摄像机形状的"切换摄像机视角"按钮，如图5-13所示，即可将视图切换至"摄像机视图"，如图5-14所示。接下来，准备微调摄像机的拍摄角度。

图5-13

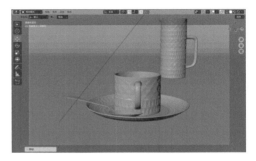

图5-14

技巧与提示　切换到摄像机视图后，先不要按鼠标中键旋转视图，因为这样又会回到透视视图中。

（6）按下N键，弹出"视图"面板，在"视图锁定"卷展栏中，勾选"锁定摄像机"，如图5-15所示。这样，我们再按鼠标中键旋转视图时，就不会回到透视视图中，而是在摄像机视图里调整摄像机的拍摄角度。

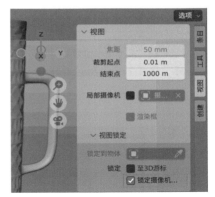

图5-15

（7）最终调整好的摄像机视图如图5-16所示。

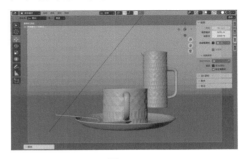

图5-16

（8）设置完成后，再取消勾选"锁定摄像机"，如图5-17所示。

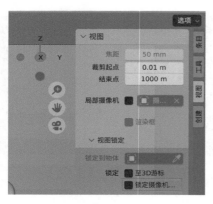

图5-17

（9）执行菜单栏"渲染/渲染图像"命令，渲染场景，本实例的最终渲染结果如图5-18所示。

图5-18

5.2.4 实例：制作景深效果

本实例中，我会用上一节完成的文件来为读者详细讲解一下使用摄像机制作景深效果的方法。图5-19所示为本实例的最终完成效果。

图5-19

（1）启动中文版Blender 3.4，打开配套场景文件"餐具-完成.blend"，我们接着来制作景深效果，如图5-20所示。

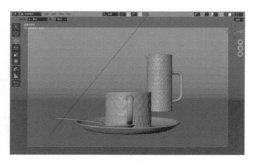

图5-20

（2）按下Z键，在弹出的命令中执行"渲染"，如图5-21所示。

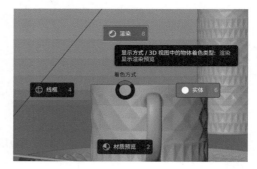

图5-21

（3）摄像机视图的渲染预览结果如图5-22所示。

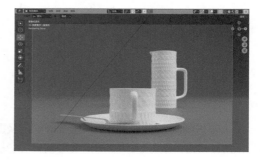

图5-22

（4）在"大纲视图"中选择摄像机，如图5-23所示。

图5-23

（5）在"物体数据属性"面板中，勾选"景深"，如图 5-24 所示。

图5-24

（6）设置完成后，摄像机视图的渲染预览结果如图 5-25 所示，我们可以看到画面是模糊的。

图5-25

（7）执行菜单栏"添加/空物体/纯轴"命令，在场景中创建一个纯轴，如图 5-26 所示。

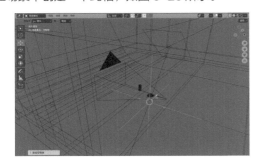

图5-26

（8）在"顶视图"中，调整纯轴的位置至如图 5-27 所示。

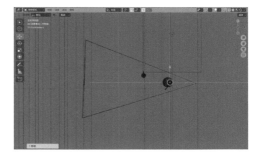

图5-27

（9）在"物体数据属性"面板中，单击"焦点物体"后面吸管形状的"吸取数据块"按钮，如图 5-28 所示。

图5-28

（10）在"大纲视图"面板中，单击名称为"空物体"的纯轴，这时，纯轴的名称会出现在"焦点物体"后面，如图 5-29 所示。

图5-29

（11）设置完成后，观察"摄像机视图"，其渲染预览结果如图 5-30 所示。我们可以看到纯轴处的咖啡杯变得较为清楚，后面的水壶模型则看起来较为模糊。

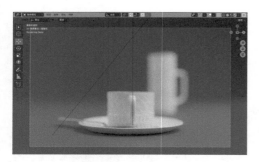

图5-30

图5-32

（12）在"物体数据属性"面板中，设置"光圈级数"为9，如图5-31所示。这样可以弱化景深的效果，使得咖啡杯看起来更加清楚一些，如图5-32所示。

（13）执行菜单栏"渲染/渲染图像"命令，渲染场景，本实例的最终渲染结果如图5-33所示。

图5-31

图5-33

第 6 章

材质与纹理

6.1 材质概述

中文版 Blender 3.4 为用户提供了功能丰富的材质编辑系统，用于模拟自然界中存在的各种各样物体的质感。就像是绘画中的色彩一样，材质可以为我们的三维模型注入生命，使得场景充满活力，渲染出来的作品仿佛原本就存在于真实的世界之中一样。我们可以采用 Blender 3.4 提供的默认材质"原理化 BSDF"来实现物体的表面纹理、高光、透明度、自发光、反射及折射等多种属性。要想利用好这些属性制作出逼真的质感，读者应多多观察身边真实物体的质感。图 6-1~ 图 6-4 所示照片中展现了几种较常见的质感。

图6-3

图6-4

新建场景，选择场景中自带的立方体模型，在"材质属性"面板中，我们可以看到 Blender 为其指定的默认材质类型，如图 6-5 所示。

图6-1

图6-2

图6-5

6.2　材质类型

中文版 Blender 3.4 为用户提供了多种不同类型的材质，使用这些材质可以快速制作出一些特定的质感效果。下面介绍其中较为常用的材质类型。

6.2.1　原理化 BSDF

"原理化 BSDF"材质是 Blender 3.4 默认的材质类型，也是功能最强大的材质类型，使用该材质类型几乎可以制作出我们日常生活中所接触的绝大部分材质，如陶瓷、金属、玻璃、家具等。当我们为一个没有材质的模型进行材质指定后，所添加的默认材质就是原理化 BSDF 材质。其中，BSDF 代表双向散射分布函数，用来定义光如何在物体表面上进行反射和折射。其参数设置如图 6-6 所示。

图6-6

工具解析

基础色：设置材质的基础颜色。图 6-7 所示为基础色设置为黄色后的渲染结果。

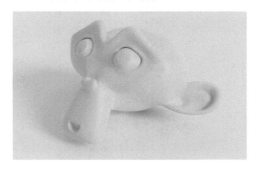

图6-7

次表面：设置材质次表面散射效果。图 6-8 所示为该值设置为 0.1 后的渲染结果。

图6-8

次表面半径：设置光线在散射出曲面前在曲面下可能传播的平均距离。

次表面颜色：设置次表面散射效果的颜色。

次表面 IOR：设置次表面散射效果的折射率。

次表面各向异性：设置次表面散射效果的各项异性效果。

金属度：设置材质的金属程度，当该值为 1 时，材质表现为明显的金属特性。图 6-9 所示为该值是 1 的渲染结果。

图6-9

高光：设置材质的高光，值越高，材质的高光越亮。图 6-10 所示分别为该值是 0 和 1 时的渲染结果。

图6-10

高光染色：设置高光的染色效果。

糙度：设置材质表面的粗糙度。图 6-11 所示为该值分别是 0.1 和 0.3 时的渲染结果。

图6-11

IOR 折射率：设置材质的折射率，当材质具有透射效果后参与计算。图 6-12 所示为该值分别是 1.45 和 2.42 时的渲染结果。

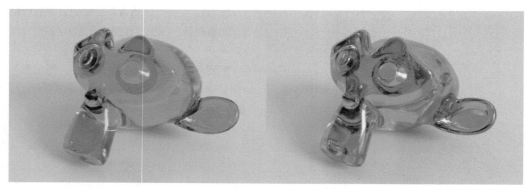

图6-12

透射：设置材质的透明程度。

透射粗糙度：设置透明材质内部的粗糙程度。图 6-13 所示为该值是 0.5 时的渲染结果。

图6-13

自发光（发射）：设置自发光的颜色。

自发光强度：设置材质自发光的强度。图6-14所示为"自发光（发射）"是红色、"自发光强度"为6时的渲染结果。

图6-14

6.2.2　玻璃BSDF

"玻璃BSDF"材质可以用来快速制作带有玻璃质感的材质，其参数设置如图6-15所示。

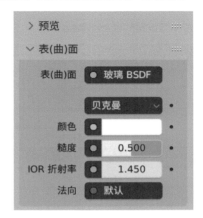

图6-15

工具解析

颜色：设置玻璃材质的颜色。图6-16所示为分别为设置了不同颜色时的渲染结果。

图6-16

糙度：设置玻璃材质的粗糙程度。图6-17所示分别为该值是0.2和0.5时的渲染结果。

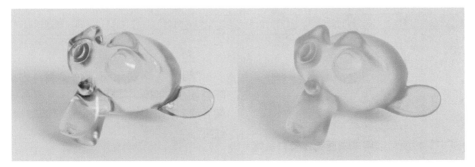

图6-17

IOR 折射率：设置玻璃材质的折射率。

6.2.3 漫射BSDF

"漫射 BSDF"材质可以用来制作没有反射效果的材质，其参数设置如图 6-18 所示。

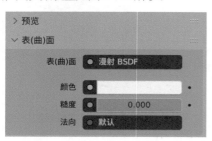

图6-18

工具解析

颜色：设置漫射材质的颜色。

糙度：设置漫射材质表面的粗糙程度。图 6-19 所示分别为该值是 0 和 1 时的渲染结果。

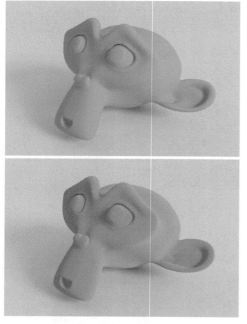

图6-19

6.2.4 光泽BSDF

"光泽 BSDF"材质可以用来快速制作带有金属

质感的材质，其参数设置如图 6-20 所示。

图6-20

工具解析

颜色：设置光泽材质的颜色。

糙度：设置光泽材质表面的粗糙程度。图 6-21 所示分别为该值是 0.05 和 0.5 时的渲染结果。

图6-21

6.2.5 阻隔

"阻隔"材质没有任何参数，为模型设置阻隔材质后，图像中模型的部分将不会被渲染出来。图 6-22 所示为猴头模型设置了阻隔材质后的渲染结果。

图6-22

6.2.6　混合着色器

"混合着色器"材质可以将 2 种不同的材质混合成一个材质，其参数设置如图 6-23 所示。

图6-23

工具解析

系数：用来设置 2 种材质的混合方式。
着色器：用来指定要混合的材质。

6.2.7　半透 BSDF

"半透 BSDF"材质可以用来快速制作带有半透明质感的材质，其参数设置如图 6-24 所示。

图6-24

工具解析

颜色：用来设置半透明材质的颜色。图 6-25 所

示为颜色设置为浅绿色的渲染结果。

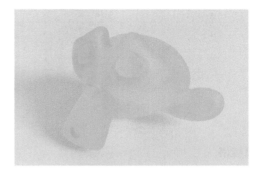

图6-25

6.2.8　透明 BSDF

"透明 BSDF"材质可以用来快速制作带有透明质感的材质，其参数设置如图 6-26 所示。

图6-26

工具解析

颜色：用来设置透明材质的颜色。图 6-27 所示为颜色设置为浅绿色的渲染结果。

图6-27

6.2.9　丝绒 BSDF

"丝绒 BSDF"材质可以用来快速制作带有丝绒质感的材质，其参数设置如图 6-28 所示。

图6-28

工具解析

颜色：设置丝绒材质的颜色。

西格玛：设置丝绒材质的反光效果。图 6-29 所示为该值分别是 0.5 和 1 时的渲染结果。

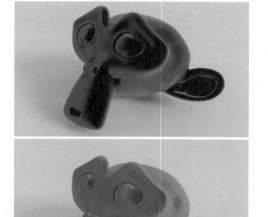

图6-29

6.2.10　实例：制作玻璃材质

本实例中，我来为读者详细讲解一下玻璃材质的制作方法。图 6-30 所示为本实例的最终完成效果。

图6-30

（1）启动中文版 Blender 3.4，打开配套场景文件"玻璃材质 .blend"，这是一个简单的室内模型，里面主要包含了一组玻璃瓶子模型及简单的配景模型，并且已经设置好了灯光及摄像机，如图 6-31 所示。

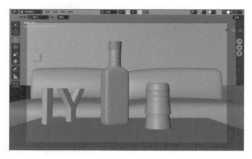

图6-31

（2）选择场景中的瓶子模型，如图 6-32 所示。

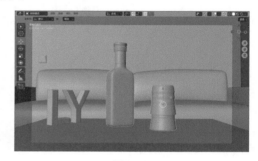

图6-32

（3）在"材质属性"面板中，单击"新建"按钮，如图 6-33 所示，为其添加一个新的材质。

图6-33

（4）在"表（曲）面"卷展栏中，设置"表（曲）面"为"玻璃 BSDF"材质，"糙度"为 0.1，如图 6-34 所示。

（5）设置完成后，"摄像机视图"中的渲染预览结果如图 6-35 所示。

图6-34

图6-35

（6）执行菜单栏"渲染／渲染图像"命令，渲染场景，本实例的最终渲染结果如图6-36所示。

图6-36

6.2.11　实例：制作金属材质

本实例中，我来为读者详细讲解一下金属材质的制作方法。图6-37所示为本实例的最终完成效果。

图6-37

（1）启动中文版 Blender 3.4，打开配套场景文件"金属材质.blend"，这是一个简单的室内模型，里面主要包含了一组蜡烛台摆件模型及简单的配景模型，并且已经设置好了灯光及摄像机，如图6-38所示。

图6-38

（2）选择场景中的蜡烛台摆件模型，如图6-39所示。

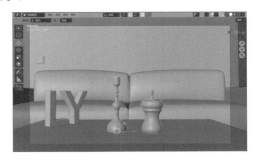

图6-39

（3）在"材质属性"面板中，单击"新建"按钮，如图6-40所示，为其添加一个新的材质。

图6-40

（4）在"表（曲）面"卷展栏中，设置"基础色"为金黄色，"金属度"为1，"高光"为1，"糙度"为0.2，如图6-41所示。其中，"基础色"的参数设置如图6-42所示。

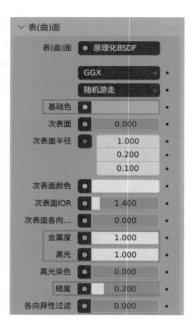

图6-41

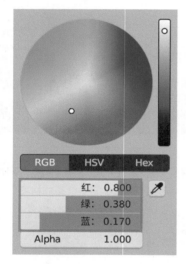

图6-42

（5）设置完成后，"摄像机视图"中的渲染预览结果如图 6-43 所示。

图6-43

（6）执行菜单栏"渲染 / 渲染图像"命令，渲染场景，本实例的最终渲染结果如图 6-44 所示。

图6-44

6.2.12　实例：制作陶瓷材质

本实例中，我来为读者详细讲解一下陶瓷材质的制作方法。图 6-45 所示为本实例的最终完成效果。

图6-45

（1）启动中文版 Blender 3.4，打开配套场景文件"陶瓷材质 .blend"，这是一个简单的室内模型，里面主要包含了一个罐子模型及简单的配景模型，并且已经设置好了灯光及摄像机，如图 6-46 所示。

图6-46

（2）选择场景中的罐子模型，如图 6-47 所示。

图6-47

（3）在"材质属性"面板中，单击"新建"按钮，如图 6-48 所示，为其添加一个新的材质。

图6-48

（4）在"表（曲）面"卷展栏中，设置"基础色"为深蓝色，"高光"为1，"糙度"为 0.1，如图 6-49 所示。其中，"基础色"的参数设置如图 6-50 所示。

图6-49

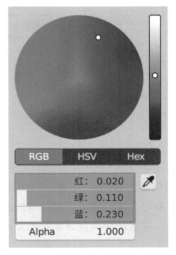

图6-50

（5）设置完成后，"摄像机视图"中的渲染预览结果如图 6-51 所示。

图6-51

（6）执行菜单栏"渲染 / 渲染图像"命令，渲染场景，本实例的最终渲染结果如图 6-52 所示。

图6-52

6.2.13　实例：制作玉石材质

本实例中我来为读者详细讲解一下玉石材质的制作方法。图 6-53 所示为本实例的最终完成效果。

图6-53

（1）启动中文版 Blender 3.4，打开配套场景文件"玉石材质.blend"，这是一个简单的室内模型，里面主要包含了一个羊造型的雕塑模型及简单的配景模型，并且已经设置好了灯光及摄像机，如图 6-54 所示。

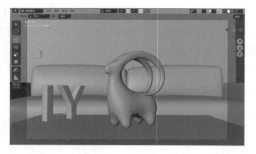

图6-54

（2）选择场景中的雕塑模型，如图 6-55 所示。

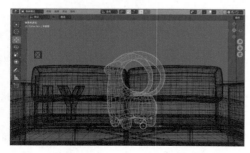

图6-55

（3）在"材质属性"面板中，单击"新建"按钮，如图 6-56 所示，为其添加一个新的材质。

图6-56

（4）在"表（曲）面"卷展栏中，设置"基础色"为绿色，"次表面"为 1，"次表面颜色"为绿色，"高光"为 1，"糙度"为 0.1，如图 6-57 所示。其中，"基础色"和"次表面颜色"的参数设置如图 6-58 所示。

图6-57

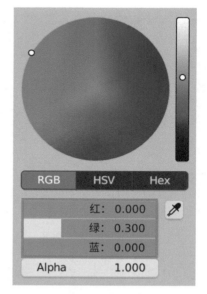

图6-58

（5）设置完成后，"摄像机视图"中的渲染预览结果如图 6-59 所示。

图6-59

（6）执行菜单栏"渲染/渲染图像"命令，渲染场景，本实例的最终渲染结果如图6-60所示。

图6-60

6.3　纹理类型

为模型设置纹理，要比仅仅使用单一颜色更能直观地表现出物体的真实质感。添加了纹理，物体的表面看起来会更加细腻、逼真，配合材质的反射、折射、凹凸等属性，可以使渲染出来的场景更加真实和自然。中文版 Blender 3.4 为用户提供了多种不同类型的纹理，我们首先学习一下其中较为常用的纹理类型。

6.3.1　图像纹理

"图像纹理"可以将一张图像用作材质的表面纹理，其参数设置如图 6-61 所示。

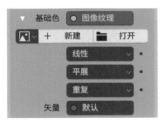

图6-61

工具解析

"新建"按钮：单击该按钮可以弹出"新建图像"对话框，用户可以在此创建一个任意颜色的图像，如图 6-62 所示。

图6-62

"打开"按钮：单击该按钮可以浏览本地硬盘上的一张图像来作为材质的表面纹理。

线性：设置贴图的插值类型，有"线性""最近""三次型"和"智能"4 种可选。

平展：设置贴图的投射方式，有"平展""方框""球形"和"管形"4 种可选。

重复：设置超出原始边界的图像外插方式，有"重复""扩展"和"裁剪"3 种可选。

6.3.2　砖墙纹理

"图像纹理"可以快速制作出砖墙的表面纹理，其参数设置如图 6-63 所示。

▼ 基础色	● 砖墙纹理
偏移量	0.500
频率	2
挤压	1.000
频率	2
矢量	● 默认
色彩 1	
色彩 2	
灰泥	
缩放	5.000
灰泥尺寸	0.020
灰泥平滑	0.100
偏移	0.000
砖宽度	0.500
行高度	0.250

图6-63

工具解析

偏移量：设置砖墙相邻图形的偏移程度。图 6-64 所示为该值分别是 0.1 和 0.5 时的渲染结果。

图6-64

频率：设置砖墙纹理偏移的频率值。图 6-65 所示为该值分别是 3 和 5 时的渲染结果。

图6-65

挤压：设置砖墙纹理的挤压量。

频率：设置砖墙纹理挤压的频率值。

色彩 1/ 色彩 2：用来设置砖墙的颜色。图 6-66 所示为设置了不同颜色后的砖墙纹理渲染结果。

灰泥：设置砖缝的颜色。图 6-67 所示为"灰泥"设置为白色后的渲染结果。

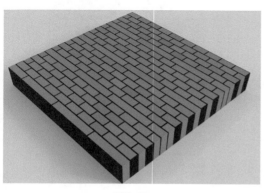

图6-66

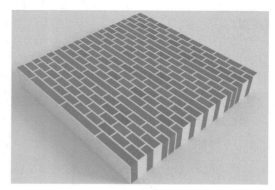

图6-67

缩放：用来控制砖墙纹理的大小。图 6-68 所示为该值分别是 2 和 7 时的渲染结果。

图6-68

灰泥尺寸：设置砖缝的宽度。

灰泥平滑：设置砖缝的平滑程度。

偏移：设置砖墙色彩1和色彩2的混合量。

砖宽度：设置砖的宽度。

行高度：设置砖的高度。图6-69所示分别为该值0.2和0.8时的渲染结果。

图6-69

6.3.3　沃罗诺伊纹理

"沃罗诺伊纹理"可以快速制作出破碎效果，其参数设置如图6-70所示。

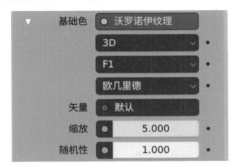

图6-70

工具解析

3D：设置输出噪波的维度。

F1：设置沃罗诺伊纹理的特征效果。

欧几里德：设置沃罗诺伊纹理的样式。图6-71～图6-73所示为该选项分别设置为"欧几里德""曼哈顿点距"和"闵可夫斯基"的渲染结果。

图6-71

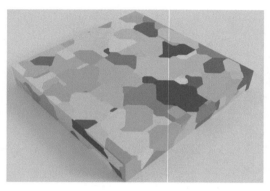

图6-72   图6-73

缩放：设置沃罗诺伊纹理的大小。图6-74所示分别为该值是3和9时的渲染结果。

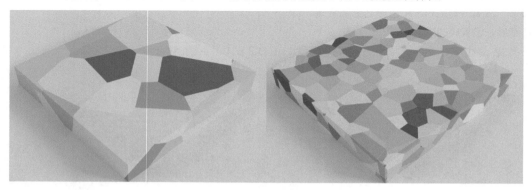

图6-74

随机性：设置沃罗诺伊纹理的随机效果，如果该值较低，会得到较为规则的图案，反之亦然。图6-75所示分别为该值是0和0.3时的渲染结果。

图6-75

6.3.4　噪波纹理

"噪波纹理"可以快速制作出随机的波纹状纹理，其参数设置如图6-76所示。

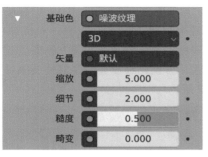

图6-76

工具解析

3D：设置输出噪波的维度，有1D、2D、3D和4D这4种可选。

缩放：设置噪波的纹理大小。图6-77所示分别为该值是3和8时的渲染结果。

图6-77

细节：控制噪波纹理的细节。

糙度：设置噪波纹理的粗糙程度，值越低，噪波纹理的边缘越平滑，反之亦然。图6-78所示为该值是0.1时的渲染结果。

畸变：设置噪波纹理的形态。图6-79所示为该值是5时的渲染结果。

图6-78

图6-79

6.3.5　棋盘格纹理

"棋盘格纹理"可以快速制作出类似棋盘的纹理，其参数设置如图6-80所示。

图6-80

工具解析

色彩1/色彩2: 设置棋盘格的2种颜色。

缩放: 设置棋盘格的大小。图6-81所示分别为该值是2和6时的渲染结果。

图6-81

6.3.6 实例: 制作图书材质

本实例中, 我来为读者详细讲解一下图书材质的制作方法。图6-82所示为本实例的最终完成效果。

图6-82

（1）启动中文版Blender 3.4, 打开配套场景文件"图书材质.blend", 这是一个简单的室内模型, 里面主要包含了一本图书的模型及简单的配景模型, 并且已经设置好了灯光及摄像机, 如图6-83所示。

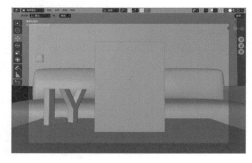

图6-83

（2）选择场景中的图书模型, 如图6-84所示。

图6-84

（3）在"材质属性"面板中, 单击"新建"按钮, 如图6-85所示, 为其添加一个新的材质。

图6-85

（4）单击"基础色"后面的黄色圆点按钮, 在弹出的菜单中执行"图像纹理"命令, 如图6-86所示。

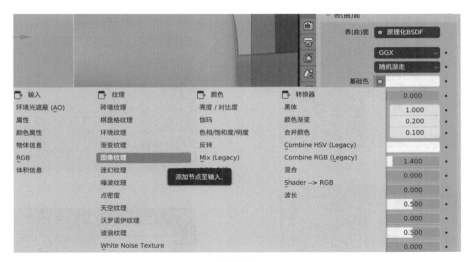

图6-86

（5）在"表（曲）面"卷展栏中，单击"打开"按钮，如图6-87所示。选择"图书封面.jpg"，如图6-88
所示。

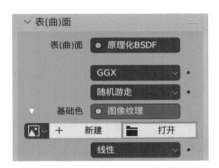

图6-87

图6-88

（6）设置完成后，我们可以看到图书模型的贴图默认效果如图6-89所示。

（7）为了方便观察，选择图书模型后，按下"？"键，即可对未选择的对象进行隐藏，如图6-90所示。

图6-89

图6-90

（8）按下Tab键，进入"编辑模式"，选择如图6-91所示的面。单击菜单栏的"UV编辑器"，在打开
的面板中查看所选择面的UV状态，如图6-92所示。

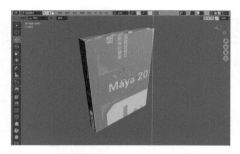

图6-91

图6-92

（9）在"UV 编辑器"面板中，调整所选择面的UV 顶点位置至如图 6-93 所示。

图6-93

（10）设置完成后，观察场景中的图书模型，我们可以看到图书模型的封面贴图效果如图 6-94 所示。

图6-94

（11）在"编辑模式"中，选择如图 6-95 所示的面。在"UV 编辑器"面板中查看所选择面的 UV

状态，如图 6-96 所示。

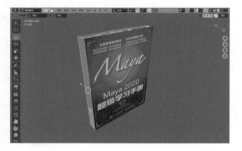

图6-95

图6-96

（12）在"UV 编辑器"面板中，调整所选择面的 UV 顶点位置至如图 6-97 所示。

图6-97

（13）在"编辑模式"中，选择如图 6-98 所示的面。在"UV 编辑器"面板中查看所选择面的 UV 状态，如图 6-99 所示。

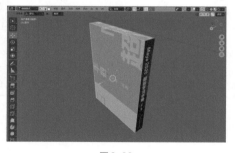

图6-98

图6-99

（14）在"UV编辑器"面板中，调整所选择面的UV顶点位置至如图6-100所示。

图6-100

（15）在"材质属性"面板中，设置"高光"为1，"糙度"为0.1，如图6-101所示，调整图书封皮材质的高光效果和反射效果。

图6-101

（16）单击 + 形状的"添加材质槽"按钮，新增一个新的材质，如图6-102所示。

图6-102

（17）创建新的材质槽后，单击"新建"按钮，如图6-103所示。这样，就添加了一个新的白色材质球，如图6-104所示。

图6-103

图6-104

（18）接下来，选择图书模型的其他3个面，如图6-105所示。

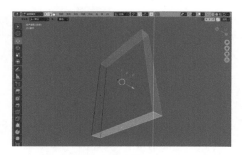

图6-105

（19）在"材质属性"面板中，单击"指定"按钮，如图6-106所示。为所选择的面指定一个新的白色材质，如图6-107所示。

图6-106

图6-107

（20）图书模型的材质设置完成后，再次按下"？"键，显示出场景中隐藏的模型，如图6-108所示。

图6-108

（21）旋转一下图书模型后，执行菜单栏"渲染/渲染图像"命令，渲染场景，本实例的最终渲染结果如图6-109所示。

图6-109

💡 技巧与提示　本实例操作步骤较多，建议读者观看教学视频进行学习。

6.3.7　实例：制作易拉罐材质

本实例中，我来为读者详细讲解一下易拉罐材质的制作方法。图6-110所示为本实例的最终完成效果。

图6-110

（1）启动中文版Blender 3.4，打开配套场景文件"易拉罐材质.blend"，这是一个简单的室内模型，里面主要包含了一个易拉罐模型及简单的配景模型，并且已经设置好了灯光及摄像机，如图6-111所示。

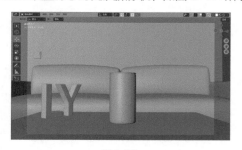

图6-111

（2）选择场景中的易拉罐模型，如图6-112所示。

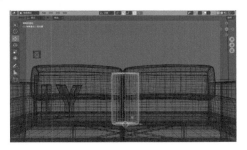

图6-112

（3）在"材质属性"面板中，单击"新建"按钮，如图6-113所示。为其添加一个新的材质。

图6-113

（4）在"表（曲）面"卷展栏中，设置"表（曲）面"为"光泽BSDF"材质，"糙度"为0.4，如图6-114所示。制作出易拉罐整体的金属质感。

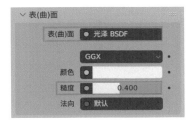

图6-114

（5）设置完成后，"摄像机视图"中的渲染预览结果如图6-115所示。

图6-115

（6）为了方便观察，选择易拉罐模型后，按

下"？"键，即可将未选择的对象进行隐藏，如图6-116所示。

图6-116

（7）单击+形状的"添加材质槽"按钮，新增一个新的材质，如图6-117所示。

图6-117

（8）创建新的材质槽后，单击"新建"按钮，如图6-118所示。这样，就添加了一个新的白色材质球，如图6-119所示。

图6-118

图6-119

（9）按下 Tab 键，进入"编辑模式"，选择如图 6-120 所示的面，单击"指定"按钮，为其指定刚刚创建的新材质，如图 6-121 所示。

图6-120

图6-121

（10）单击"基础色"后面的黄色圆点按钮，在弹出的菜单中执行"图像纹理"命令，如图 6-122 所示。

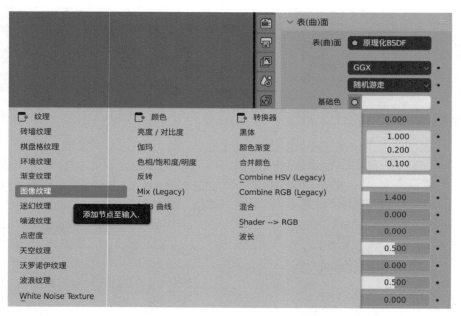

图6-122

（11）在"表（曲）面"卷展栏中，单击"打开"按钮，如图 6-123 所示。选择"易拉罐图案 .jpg"，如图 6-124 所示。

图6-123

图6-124

（12）设置完成后，我们可以看到易拉罐模型的默认贴图效果如图 6-125 所示。

图6-125

（13）单击菜单栏的"UV 编辑器"，在打开的面板中查看所选择面的 UV 状态，如图 6-126 所示。

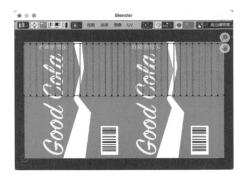

图6-126

（14）在"UV 编辑器"面板中，调整所选择面的 UV 顶点位置至如图 6-127 所示。

图6-127

（15）设置完成后，观察场景中的易拉罐模型，我们可以看到易拉罐模型的贴图效果如图 6-128 所示。

图6-128

（16）易拉罐模型的材质设置完成后，再次按下"？"键，显示出场景中隐藏的模型，如图 6-129 所示。

图6-129

（17）执行菜单栏"渲染 / 渲染图像"命令，渲染场景，本实例的最终渲染结果如图 6-130 所示。

图6-130

6.3.8　实例：制作线框材质

本实例中，我来为读者详细讲解一下线框材质的制作方法。图 6-131 所示为本实例的最终完成效果。

图6-131

（1）启动中文版 Blender 3.4，打开配套场景文件"易拉罐材质 .blend"，这是一个简单的室内模型，里面主要包含了一个羊造型的雕塑模型及简单的配景模型，并且已经设置好了灯光及摄像机，如图 6-132 所示。

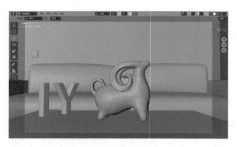

图6-132

（2）在"渲染属性"面板中，勾选"Freestyle"，如图6-133所示。

图6-133

（3）设置完成后，渲染场景，渲染结果如图6-134所示。我们可以看到场景中的所有模型均会生成黑色的描边线条。

图6-134

（4）选择场景中的雕塑模型，按下Tab键，进入"编辑模式"，按下A键，选择雕塑模型上所有的边线，如图6-135所示。

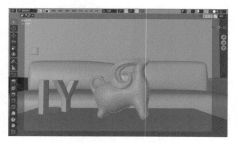

图6-135

（5）单击鼠标右键并执行"标记Freestyle边"命令，如图6-136所示。设置完成后，退出"编辑模式"。

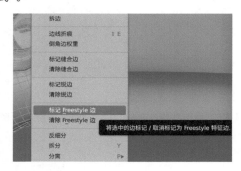

图6-136

（6）在"视图层属性"面板中，取消勾选"剪影""折痕""边界范围"，勾选"标记边"，如图6-137所示。

图6-137

（7）设置完成后，渲染场景，渲染结果如图6-138所示。我们可以看到场景中的羊雕塑模型上会出现黑色的线框效果。

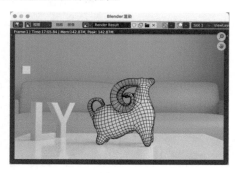

图6-138

（8）在"Freestyle 颜色"卷展栏中，设置"基础色"为深灰色。在"Freestyle 线宽"卷展栏中，设置"基线宽度"为1，如图 6-139 所示。

图6-139

（9）执行菜单栏"渲染 / 渲染图像"命令，渲染场景，本实例的最终渲染结果如图 6-140 所示。

图6-140

6.3.9　实例：制作卡通材质

本实例中，我来为读者详细讲解一下卡通材质的制作方法。图 6-141 所示为本实例的最终完成效果。

图6-141

（1）启动中文版 Blender 3.4，打开配套场景文件"卡通材质 .blend"，这是一个简单的室内模型，里面主要包含了一个鸡造型的雕塑模型及简单的配景模型，并且已经设置好了灯光及摄像机，如图 6-142 所示。

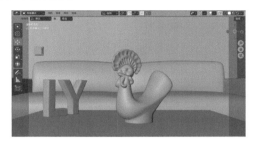

图6-142

（2）将视图着色方式切换至"材质预览"，我们可以看到现在场景的显示结果如图 6-143 所示。

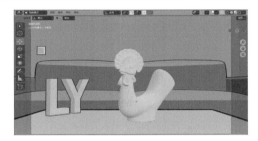

图6-143

> **技巧与提示**　读者应注意，本实例需要使用Eevee渲染引擎进行渲染计算。

（3）选择场景中的鸡雕塑模型，在"材质属性"面板中，单击"新建"按钮，如图 6-144 所示，为其添加一个新的材质。

图6-144

（4）在"表（曲）面"卷展栏中，设置"表（曲）面"为"漫射 BSDF"材质，如图 6-145 所示。

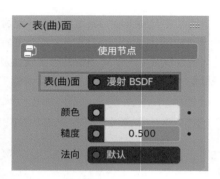

图6-145

（5）单击"基础色"后面的黄色圆点按钮，在弹出的菜单中执行"颜色渐变"命令，如图6-146所示。

图6-146

（6）设置"颜色渐变"的颜色至如图6-147所示。并设置颜色的插值算法为"常值"。

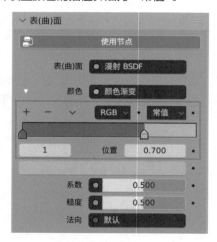

图6-147

（7）单击"系数"后面的灰色圆点按钮，在弹出的菜单中执行"Shader-->RGB"命令，如图6-148所示。

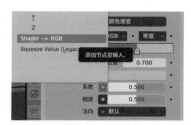

图6-148

（8）设置完成后，执行菜单栏"新建/新建窗口"命令，并将该窗口设置为"着色器编辑器"，在"着色器编辑器"面板中查看材质节点的连接状态，如图6-149所示。"材质预览"状态下的视图如图6-150所示。

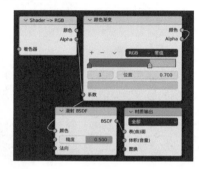

图6-149

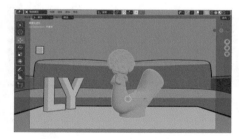

图6-150

（9）在"着色器编辑器"面板中，更改材质节点的连接顺序至如图6-151所示。设置完成后，"材质预览"状态下的视图如图6-152所示。

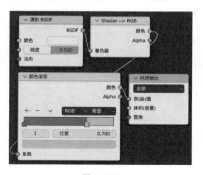

图6-151

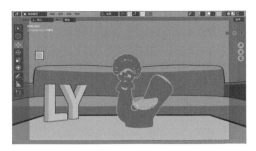

图6-152

（10）渲染场景，渲染结果如图 6-153 所示。

图6-153

（11）接下来，制作描边效果。选择鸡雕塑模型，在"修改器属性"面板中，为其添加"实体化"修改器，并设置"厚（宽）度"为 -0.3m，勾选"翻转"，"材质偏移"为1，如图 6-154 所示。

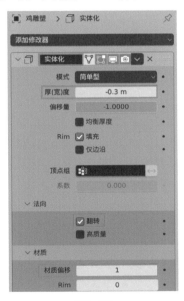

图6-154

（12）在"材质属性"面板中，单击 + 形状的"添加材质槽"按钮，新增一个新的材质，如图 6-155

所示。

图6-155

（13）创建新的材质槽后，单击"新建"按钮，如图 6-156 所示。这样，就添加了一个新的材质球。设置新材质的"表（曲）面"为"漫射 BSDF"，"颜色"为黑色，如图 6-157 所示。

图6-156

图6-157

（14）在"设置"卷展栏中，勾选"背面剔除"，如图 6-158 所示。

图6-158

（15）设置完成后，"材质预览"状态下的视图
如图6-159所示。

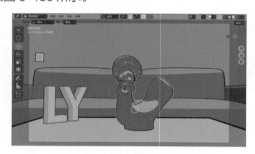

图6-159

（16）执行菜单栏"渲染/渲染图像"命令，渲
染场景，本实例的最终渲染结果如图6-160所示。

图6-160

第 7 章

渲染技术

7.1 渲染概述

我们在 Blender 3.4 里制作出来的场景模型无论多么细致，都离不开材质和灯光的辅助；我们在视图中所看到的画面无论多么精美，也比不了执行了渲染命令后得到的图像结果。可以说没有渲染，我们永远也无法将最优秀的作品展示给观众。那什么是渲染呢？狭义来讲，渲染通常指我们在软件中的"渲染属性"面板中进行的参数设置。广义上来讲，渲染则包括材质制作、灯光设置、摄像机摆放等一系列的工作流程。

使用 Blender 3.4 来制作三维项目时，常见的工作流程是"建模—灯光—材质—摄像机—渲染"，渲染之所以放在最后，说明这一操作是计算之前流程的最终步骤。图 7-1 和图 7-2 所示为三维渲染作品。

图7-1

图7-2

中文版 Blender 3.4 内置了 3 个不同的渲染引擎，分别是 Eevee、工作台和 Cycles，如图 7-3 所示。我们可以在"渲染属性"面板中选择使用哪个渲染引擎渲染场景。需要读者注意的是，我们在进行材质设置前，需要先规划好项目使用哪个渲染引擎进行渲染工作，因为有些材质使用不同的渲染引擎渲染得到的结果完全不同。

图7-3

7.2 Eevee渲染引擎

Eevee 是 Blender 内置的实时渲染引擎，相对于 Cycles 渲染引擎，该渲染引擎的渲染速度具有很大优势，并且可以生成高质量的渲染图像。Eevee 不是光线跟踪渲染引擎，其使用了一种被称为光栅化的算法，这使得它在计算图像时有很多限制。下面介绍一下 Eevee 渲染引擎中较为常用的卷展栏参数。

7.2.1 "采样"卷展栏

"采样"卷展栏用来设置渲染图像时的抗锯齿效果，其参数设置如图 7-4 所示。

图7-4

工具解析

渲染：设置渲染时的采样值。

视图：设置视图显示时的采样值。

视图降噪：减少视图中的噪点。

7.2.2 "环境光遮蔽（AO）"卷展栏

"环境光遮蔽（AO）"卷展栏中的参数设置如图 7-5 所示。

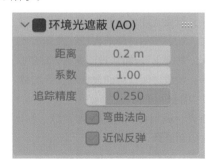

图7-5

工具解析

距离：影响环境光遮蔽效果的物体距离。

系数：设置环境光遮蔽效果的混合因子。

追踪精度：值越高，渲染计算耗费的时间，画面的精度越高。

弯曲法向：勾选此项后，在计算环境光遮蔽效果时，以更真实的方式对漫反射计算进行采样。

近似反弹：勾选此项后，在计算环境光遮蔽效果时，将模拟光线反射计算。

7.2.3 "辉光"卷展栏

"辉光"卷展栏用于模拟镜头光斑效果，其参数设置如图 7-6 所示。

图7-6

工具解析

阈值：用于控制辉光的产生范围。

屈伸度：使阈值上下之间的效果进行过渡。

半径：设置辉光的半径。

颜色：设置辉光的颜色。

强度：设置辉光的强度。

钳制：设置辉光的最大强度。

7.3　Cycles 渲染引擎

Cycles 是 Blender 自带的功能强大的渲染引擎，借助其内置的物理渲染算法，Cycles 可以为用户提供高质量的，比 Eevee 渲染引擎更加准确的渲染图像。下面，介绍一下 Cycles 渲染引擎中较为常用的卷展栏参数。

7.3.1 "采样"卷展栏

"采样"卷展栏中的参数设置如图 7-7 所示。

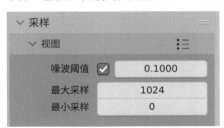

图7-7

工具解析

噪波阈值：决定是否继续采样的阈值，值越低，图像噪波越少。

最大采样 / 最小采样：自适应采样计算时像素接收的最大 / 最小样本数。

7.3.2 "光程"卷展栏

"光程"卷展栏中的参数设置如图 7-8 所示。

图7-8

工具解析

（1）"最多反弹次数"子卷展栏

总数：设置光线的反弹次数。

漫射：设置漫反射计算时光线的反弹次数。

光泽：设置光泽计算时光线的反弹次数。

透射：设置透射计算时光线的反弹次数。

体积（音量）：设置体积计算时光线的反弹次数。

透明：设置透明计算时光线的反弹次数。

（2）"钳制"子卷展栏

直接光：设置直接光的反射次数。默认值为 0，代表禁用钳制计算。

间接光：设置间接光的反射次数。

（3）"焦散"子卷展栏

焦散反射：计算光线反射时产生的焦散效果。

焦散折射：计算光线折射时产生的焦散效果。

7.4　综合实例：饮料二维卡通效果表现

本实例中，我通过制作一杯饮料的二维卡通效果来为读者详细讲解一下卡通材质的制作方法及思路。图 7-9 所示为本实例的最终完成效果。

图7-9

启动中文版 Blender 3.4，打开配套场景文件"饮料 .blend"，这是一杯饮料模型，如图 7-10 所示。

图7-10

7.4.1　场景分析

（1）单击视图上方右侧的"切换透视模式"按钮，如图 7-11 所示。

图7-11

（2）在透视模式中，我们可以看到这杯饮料模型内部的一些细节，如图 7-12 所示。

图7-12

（3）按下组合键"Shift+Z"，将视图切换至线框显示，如图 7-13 所示。

图7-13

（4）在"大纲视图"面板中，我们看一下场景中的模型，如图 7-14 所示。

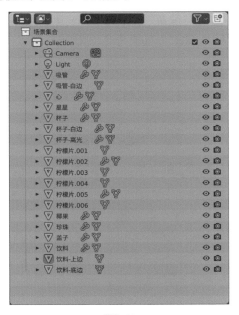

图7-14

（5）将这些模型的位置进行移动，可以看清楚构成这杯饮料的所有模型，如图 7-15 所示。

图7-15

（6）在渲染预览中，这些模型的显示结果如图 7-16 所示。

图7-16

（7）在"世界面板"中，设置"颜色"为蓝色，如图 7-17 所示。"颜色"的参数设置如图 7-18 所示。

图7-17

（8）设置完成后，这个场景的背景色就更改成了蓝色。接下来，我们开始进行材质制作的讲解，由于本实例的模型大多重叠在一起，所以在讲解材质制作的时候，先从最外面的模型材质开始讲解。

图7-18

7.4.2 制作杯子白色勾边材质

本实例中饮料的最外边有一层白色的勾边效果，如图7-19所示。

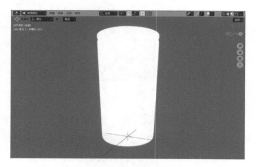

图7-19

（1）选择场景中的杯子白边模型，如图7-20所示。

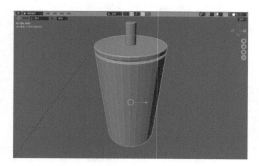

图7-20

（2）在"材质属性"面板中，单击"新建"按钮，如图7-21所示，为其添加一个新的材质。

图7-21

（3）在"表（曲）面"卷展栏中，设置"表（曲）面"为"混合着色器"，"系数"为"几何数据｜背面"，"着色器"为"透明BSDF"，下方的"着色器"为"自发光（发射）"，如图7-22所示。

图7-22

（4）在"设置"卷展栏中，设置"混合模式"为"Alpha混合"，如图7-23所示。

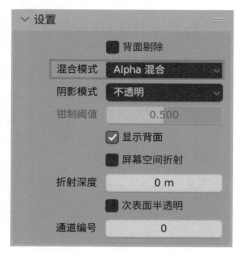

图7-23

（5）在"修改器属性"面板中，为其添加"表面细分"修改器，设置"视图层级"为2，"渲染"为2，如图 7-24 所示。

图7-24

（6）设置完成后，杯子白色勾边材质就制作完成了，将该材质指定给名称为"吸管－白边"的模型后，渲染预览中的显示结果如图 7-25 所示。

图7-25

7.4.3　制作杯子材质

本实例中杯子的材质如图 7-26 所示。

图7-26

（1）选择场景中的杯子模型，如图 7-27 所示。

图7-27

（2）在"材质属性"面板中，单击"新建"按钮，如图 7-28 所示，为其添加一个新的材质。

图7-28

（3）在"表（曲）面"卷展栏中，设置"表（曲）面"为"混合着色器"，"系数"为"几何数据｜背面"，"着色器"为"透明 BSDF"，下方的"着色器"为"自发光（发射）"，自发光的"颜色"为浅黄色，如图 7-29 所示。其中，自发光的颜色参数设置如图 7-30 所示。

图7-29

（4）在"设置"卷展栏中，设置"混合模式"为"Alpha 混合"，如图 7-31 所示。

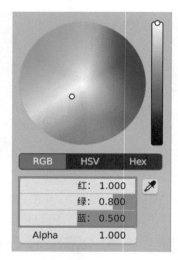

图7-30

图7-33

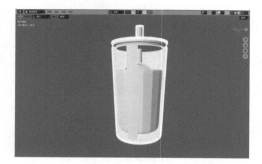

图7-31

（5）设置完成后，在材质预览中查看杯子材质的显示结果如图 7-32 所示。

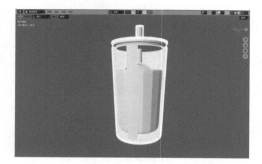

图7-32

（6）接下来，制作描边效果。在"修改器属性"面板中，为其添加"实体化"修改器，并设置"厚（宽）度"为 -0.02m，勾选"翻转"，"材质偏移"为1，如图 7-33 所示。

（7）在"材质属性"面板中，单击 + 形状的"添加材质槽"按钮，新增一个新的材质，如图 7-34 所示。

图7-34

（8）创建新的材质槽后，单击"新建"按钮，如图 7-35 所示。这样，就添加了一个新的材质球。

图7-35

（9）设置新材质的"表（曲）面"为"自发光（发射）"，"颜色"为紫色，如图 7-36 所示。其中，自发光的颜色参数设置如图 7-37 所示。

图7-36

图7-37

（10）在"设置"卷展栏中，勾选"背面剔除"，如图 7-38 所示。

图7-38

（11）在"修改器属性"面板中，为其添加"表面细分"修改器，设置"视图层级"为2，"渲染"为2，如图 7-39 所示。

图7-39

（12）设置完成后，渲染预览中杯子材质的显示结果如图 7-40 所示。

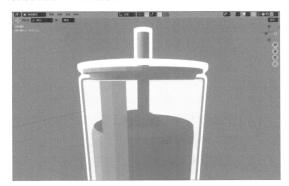

图7-40

7.4.4 制作高光材质

本实例中杯子表面的高光材质如图 7-41 所示。

图7-41

（1）选择场景中的杯子高光模型，如图 7-42 所示。

图7-42

（2）在"材质属性"面板中，单击"新建"按钮，如图7-43所示，为其添加一个新的材质。

图7-43

（3）设置新材质的"表（曲）面"为"自发光（发射）"，如图7-44所示。

图7-44

（4）在"修改器属性"面板中，为其添加"表面细分"修改器，设置"视图层级"为2，"渲染"为2，如图7-45所示。

图7-45

（5）在"设置"卷展栏中，勾选"背面剔除"，如图7-46所示。

（6）设置完成后，渲染预览中杯子高光材质的显示结果如图7-47所示。

图7-46

图7-47

7.4.5　制作饮料材质

本实例中杯子中的饮料材质如图7-48所示。

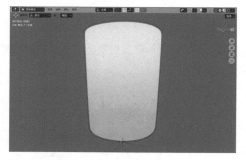

图7-48

（1）选择场景中的饮料模型，如图7-49所示。

图7-49

（2）在"材质属性"面板中，单击"新建"按钮，如图 7-50 所示，为其添加一个新的材质。

图7-50

（3）在"表（曲）面"卷展栏中，设置"表（曲）面"为"混合着色器"，"系数"为"几何数据 | 背面"，"着色器"为"透明 BSDF"，下方的"着色器"为"自发光（发射）"，"颜色"为"颜色渐变"，如图 7-51 所示。

图7-51

（4）设置"颜色渐变"的第 0 个颜色为"橙色"，"位置"为 0.4，如图 7-52 所示。其中，颜色渐变的第 0 个颜色的参数设置如图 7-53 所示。

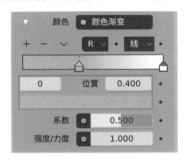

图7-52

图7-53

（5）设置"颜色渐变"的第 1 个颜色为"浅黄色"，"位置"为 0.6，如图 7-54 所示。其中，颜色渐变的第 1 个颜色的参数设置如图 7-55 所示。

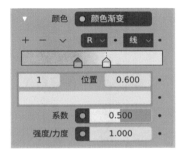

图7-54

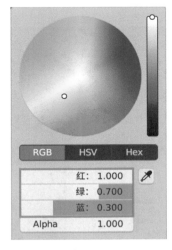

图7-55

（6）单击"系数"后面的灰色圆点按钮，在弹出的菜单中执行"分离 XYZ/X"命令，如图 7-56 所示。

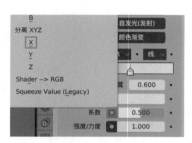

图7-56

（7）设置完成后，我们可以看到"系数"已经设置为了"分离XYZ"，接下来，设置分离XYZ的"矢量"为"映射"，映射的"矢量"为"纹理坐标 | UV"，如图7-57所示。

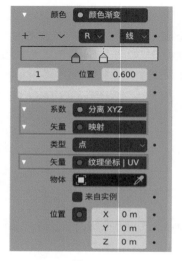

图7-57

（8）在"设置"卷展栏中，设置"混合模式"为"Alpha混合"，如图7-58所示。

图7-58

（9）设置完成后，该材质在"着色器编辑器"面板中的节点显示结果如图7-59所示。

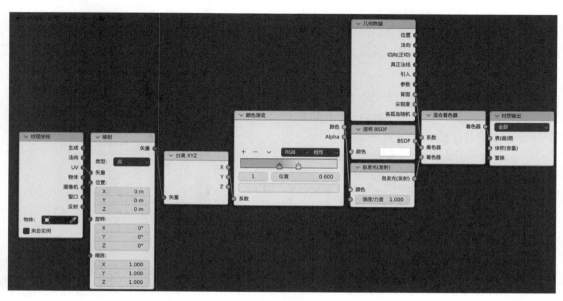

图7-59

（10）渲染预览中杯子材质的显示结果如图7-60所示。

图7-60

（11）接下来，制作描边效果。在"修改器属性"面板中，为其添加"实体化"修改器，并设置"厚（宽）度"为-0.02m，勾选"翻转"，"材质偏移"为1，如图7-61所示。

图7-61

（12）在"材质属性"面板中，单击＋形状的"添加材质槽"按钮，新增一个新的材质，如图7-62所示。

图7-62

（13）创建新的材质槽后，单击"新建"按钮，如图7-63所示。这样，就添加了一个新的材质球。

图7-63

（14）设置新材质的"表（曲）面"为"自发光（发射）"，"颜色"为深红色，如图7-64所示。其中，"颜色"的参数设置如图7-65所示。

图7-64

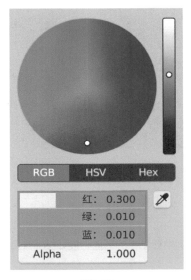

图7-65

（15）在"设置"卷展栏中，勾选"背面剔除"，如图 7-66 所示。

图7-66

（16）在"修改器属性"面板中，为其添加"表面细分"修改器，设置"视图层级"为 2，"渲染"为 2，如图 7-67 所示。

图7-67

（17）设置完成后，渲染预览中饮料材质的显示结果如图 7-68 所示。

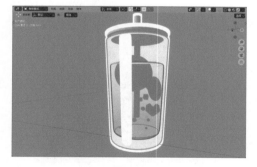

图7-68

7.4.6　制作杯盖材质

本实例中杯子中的杯盖材质如图 7-69 所示。

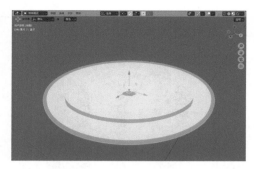

图7-69

（1）选择场景中的杯盖模型，如图 7-70 所示。

图7-70

（2）在"材质属性"面板中，单击"新建"按钮，如图 7-71 所示，为其添加一个新的材质。

图7-71

（3）设置新材质的"表（曲）面"为"自发光（发射）"，"颜色"为黄色，如图 7-72 所示。其中，自发光的颜色参数设置如图 7-73 所示。

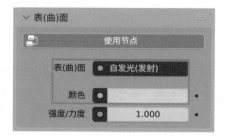

图7-72

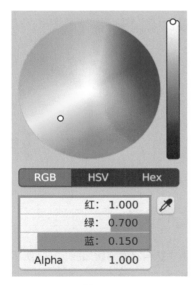

图7-73

（4）接下来，制作描边效果。在"修改器属性"面板中，为其添加"实体化"修改器，并设置"厚（宽）度"为-0.02m，勾选"翻转"，"材质偏移"为1，如图7-74所示。

图7-74

这个实例中所有带有描边效果的模型几乎都要添加"实体化"修改器，并且参数的设置也是一模一样的。那么我们也可以这样操作，先为一个模型添加"实体化"修改器并设置好参数。然后选择其他也要添加"实体化"修改器的模型，按Shift键，最后加选已经设置修改器的那个模型，按下组合键"Ctrl+L"，在弹出的菜单中执行"复制修改器"命令，即可快速为所选择的模型添加这个已经设置好参数的修改器了。

（5）在"材质属性"面板中，单击＋形状的"添加材质槽"按钮，新增一个新的材质，如图7-75所示。

图7-75

（6）创建新的材质槽后，单击"新建"按钮，如图7-76所示。这样，就添加了一个新的材质球。

图7-76

（7）设置新材质的"表（曲）面"为"自发光（发射）"，"颜色"为橙色，如图7-77所示。其中，自发光的颜色参数设置如图7-78所示。

图7-77

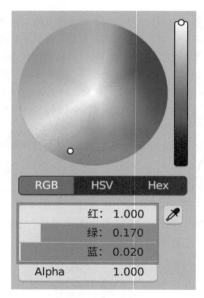

图7-78

（8）在"设置"卷展栏中，勾选"背面剔除"，如图7-79所示。

图7-79

（9）在"修改器属性"面板中，为其添加"表面细分"修改器，设置"视图层级"为2，"渲染"为2，如图7-80所示。

图7-80

（10）设置完成后，渲染预览中饮料材质的显示结果如图7-81所示。

图7-81

7.4.7　制作饮料水面材质

本实例中饮料水面材质如图7-82所示。

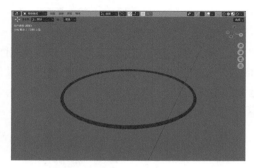

图7-82

（1）选择场景中饮料上方的水面模型，如图7-83所示。

图7-83

（2）我们注意到这个模型的材质应该与饮料边缘的材质相同，所以，我们先选择饮料模型，在"材质属性"面板中查看其边缘材质的名称，如图7-84所示。

（3）选择场景中的饮料水面模型，在"材质属性"面板中，单击"浏览要关联的材质"按钮，在弹出的材质菜单中选择"材质.026"，如图7-85所示。

图7-84

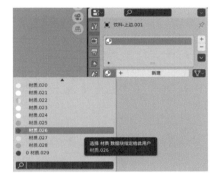

图7-85

（4）选择场景中饮料底部的水面模型，如图7-86所示。

图7-86

（5）接下来，使用步骤（2）、（3）中的方法为其指定材质。设置完成后，渲染预览中饮料水面材质的显示结果如图7-87所示。

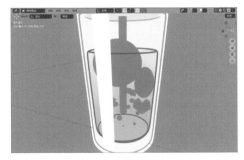

图7-87

7.4.8 制作吸管材质

本实例中吸管的材质如图7-88所示。

图7-88

（1）选择场景中的吸管模型，如图7-89所示。

图7-89

（2）在"材质属性"面板中，单击"新建"按钮，如图7-90所示，为其添加一个新的材质。

图7-90

（3）设置新材质的"表（曲）面"为"自发光（发射）"，"颜色"为浅蓝色，如图7-91所示。其中，自发光的颜色参数设置如图7-92所示。

图7-91

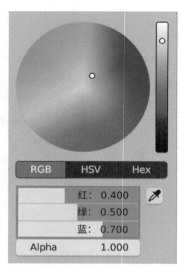

图7-92

（4）接下来，制作描边效果。在"修改器属性"面板中，为其添加"实体化"修改器，并设置"厚（宽）度"为 –0.02m，勾选"翻转"，"材质偏移"为1，如图7-93所示。

图7-93

（5）在"材质属性"面板中，单击 + 形状的"添加材质槽"按钮，新增一个新的材质，如图7-94所示。

图7-94

（6）创建新的材质槽后，单击"新建"按钮，如图7-95所示。这样，就添加了一个新的材质球。

图7-95

（7）设置新材质的"表（曲）面"为"自发光（发射）"，"颜色"为蓝色，如图7-96所示。其中，自发光的颜色参数设置如图7-97所示。

图7-96

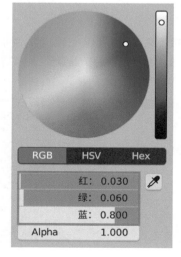

图7-97

（8）在"设置"卷展栏中，勾选"背面剔除"，如图 7-98 所示。

图7-98

（9）设置完成后，渲染预览中吸管材质的显示结果如图 7-99 所示。

图7-99

7.4.9 制作椰果材质

本实例中饮料里方块状的椰果材质如图 7-100 所示。

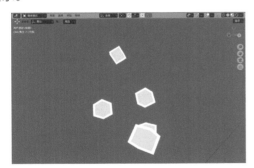

图7-100

（1）选择场景中的椰果模型，如图 7-101 所示。

（2）在"材质属性"面板中，单击"新建"按钮，如图 7-102 所示，为其添加一个新的材质。

图7-101

图7-102

（3）设置新材质的"表（曲）面"为"自发光（发射）"，"颜色"为浅红色，如图 7-103 所示。其中，自发光的颜色参数设置如图 7-104 所示。

图7-103

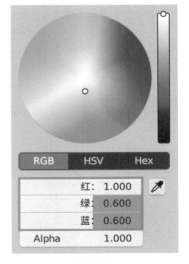

图7-104

（4）接下来，制作描边效果。在"修改器属性"面板中，为其添加"实体化"修改器，并设置"厚（宽）度"为–0.02m，勾选"翻转"，"材质偏移"为1，如图7-105所示。

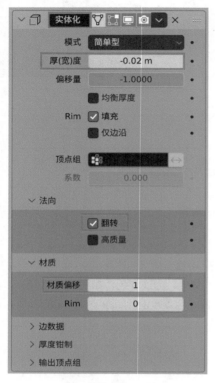

图7-105

（5）在"材质属性"面板中，单击＋形状的"添加材质槽"按钮，新增一个新的材质，如图7-106所示。

图7-106

（6）创建新的材质槽后，单击"新建"按钮，如图7-107所示。这样，就添加了一个新的材质球。

图7-107

（7）设置新材质的"表（曲）面"为"自发光（发射）"，如图7-108所示。

图7-108

（8）在"设置"卷展栏中，勾选"背面剔除"，如图7-109所示。

图7-109

（9）设置完成后，渲染预览中椰果材质的显示结果如图7-110所示。

图7-110

7.4.10　制作柠檬块材质

本实例中饮料里的柠檬块材质如图 7-111 所示。

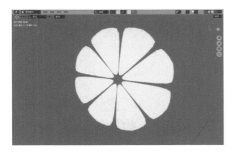

图7-111

（1）选择场景中的柠檬块模型，如图 7-112 所示。

图7-112

（2）在"材质属性"面板中，单击"新建"按钮，如图 7-113 所示，为其添加一个新的材质。

图7-113

（3）设置新材质的"表（曲）面"为"自发光（发射）"，"颜色"为浅黄色，如图 7-114 所示。其中，自发光的颜色参数设置如图 7-115 所示。

图7-114

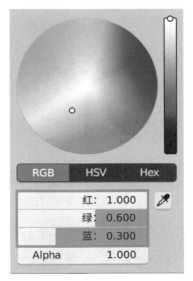

图7-115

（4）将设置好的材质指定给饮料中的另一个柠檬块模型后，渲染预览中柠檬块材质的显示结果如图 7-116 所示。

图7-116

7.4.11　制作柠檬皮材质

本实例中饮料里的柠檬皮材质如图 7-117 所示。

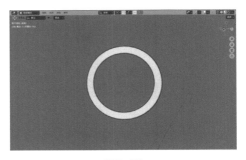

图7-117

（1）选择场景中的柠檬皮模型，如图 7-118 所示。

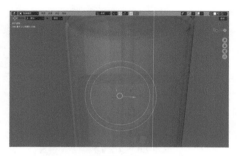

图7-118

（2）在"材质属性"面板中，单击"新建"按钮，如图 7-119 所示，为其添加一个新的材质。

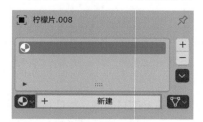

图7-119

（3）设置新材质的"表（曲）面"为"自发光（发射）"，"颜色"为黄色，如图 7-120 所示。其中，自发光的颜色参数设置如图 7-121 所示。

图7-120

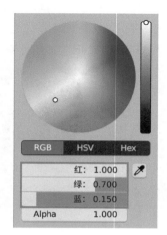

图7-121

（4）将设置好的材质指定给饮料中的另一个柠

檬皮模型后，渲染预览中柠檬皮材质的显示结果如图 7-122 所示。

图7-122

7.4.12　制作珍珠颗粒材质

本实例中饮料里的珍珠颗粒材质如图 7-123 所示。

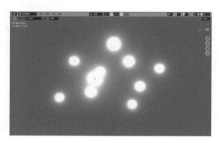

图7-123

（1）选择场景中的珍珠颗粒模型，如图 7-124 所示。

图7-124

（2）在"材质属性"面板中，单击"新建"按钮，如图 7-125 所示，为其添加一个新的材质。

图7-125

（3）设置新材质的"表（曲）面"为"自发光（发射）"，"颜色"为黄色，"强度/力度"为9，如图7-126所示。其中，自发光的颜色参数设置如图7-127所示。

图7-126

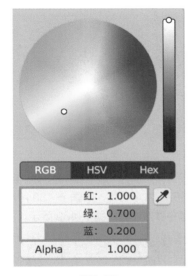

图7-127

（4）在"渲染属性"卷展栏中，勾选"辉光"，如图7-128所示。

图7-128

（5）设置完成后，渲染预览中珍珠颗粒材质的显示结果如图7-129所示。

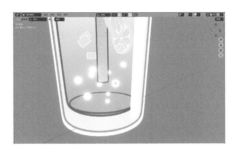

图7-129

7.4.13　制作心形果冻材质

本实例中饮料里的心形果冻材质如图7-130所示。

图7-130

（1）选择场景中的心形果冻模型，如图7-131所示。

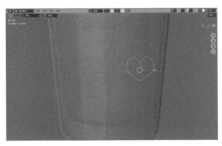

图7-131

（2）在"材质属性"面板中，单击"新建"按钮，如图7-132所示，为其添加一个新的材质。

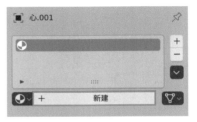

图7-132

（3）设置新材质的"表（曲）面"为"自发光（发

射）"，"颜色"为桃红色，如图 7-133 所示。其中，自发光的颜色参数设置如图 7-134 所示。

图 7-133

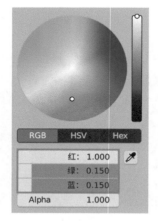

图 7-134

（4）接下来，制作描边效果。在"修改器属性"面板中，为其添加"实体化"修改器，并设置"厚（宽）度"为 -0.02m，勾选"翻转"，"材质偏移"为1，如图 7-135 所示。

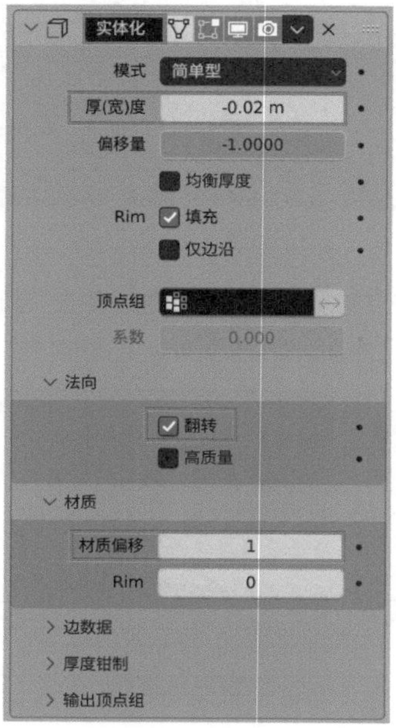

图 7-135

（5）在"材质属性"面板中，单击 + 形状的"添加材质槽"按钮，新增一个新的材质，如图 7-136 所示。

图 7-136

（6）创建新的材质槽后，单击"新建"按钮，如图 7-137 所示。这样，就添加了一个新的材质球。

图 7-137

（7）设置新材质的"表（曲）面"为"自发光（发射）"，"颜色"为深红色，如图 7-138 所示。其中，自发光的颜色参数设置如图 7-139 所示。

图 7-138

图 7-139

（8）在"设置"卷展栏中，勾选"背面剔除"，如图 7-140 所示。

图 7-140

（9）在"修改器属性"面板中，为其添加"表面细分"修改器，设置"视图层级"为 2，"渲染"为 2，如图 7-141 所示。

图 7-141

（10）设置完成后，渲染预览中心形果冻材质的显示结果如图 7-142 所示。

图 7-142

7.4.14 渲染设置

（1）在"输出属性"面板中，设置"分辨率 X"为1300px，"分辨率 Y"为800px，如图 7-143 所示。

（2）按下 N 键，弹出"视图"面板，在"视图锁定"卷展栏中，勾选"锁定摄像机"，如图 7-144 所示。

图 7-143

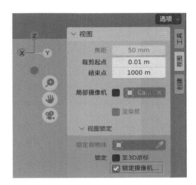

图 7-144

（3）调整好摄像机视图的拍摄角度至如图 7-145 所示。

图 7-145

（4）执行菜单栏"渲染 / 渲染图像"命令，渲染场景，本实例的最终渲染结果如图 7-146 所示。

图 7-146

7.5 综合实例：日光照明下室内空间的表现

本实例通过实现日光照明下室内空间的表现效果，来为读者详细讲解常用材质及灯光的制作方法及思路。图 7-147 所示为本实例的最终完成效果。

启动中文版 Blender 3.4，打开配套场景文件"卧室.blend"，如图 7-148 所示。

图7-147

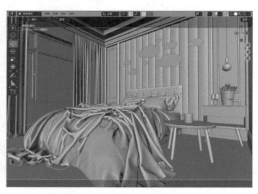

图7-148

7.5.1 场景分析

（1）在讲解材质制作之前，我们先为场景设置灯光，这样可以检查场景模型是否有重面、破面及漏光的现象，有利于接下来的材质制作。

（2）选择场景中的窗户玻璃模型，如图 7-149 所示。

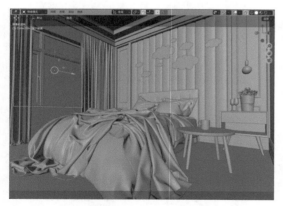

图7-149

（3）在"大纲视图"面板中，单击"窗户玻璃"后的相机图标，将其设置为"在渲染中禁用"，如图 7-150 所示。

图7-150

> 💡 **技巧与提示** 因为场景中的所有模型都没有材质，如果不将窗户玻璃设置为"在渲染中禁用"，该模型会挡住窗外的光线。

（4）在"渲染属性"面板中，设置"颜色"为"天空纹理"，"太阳高度"为 22°，"太阳旋转"为 -110°，如图 7-151 所示。

（5）设置完成后，切换至"摄像机视图"，渲染场景，本实例的白模渲染结果如图 7-152 所示。

图 7-151

图 7-152

7.5.2　制作玻璃材质

本实例中的窗户玻璃、床头柜上的酒杯及旁边花盆下接水的盆均使用了同一个材质，就是玻璃材质。渲染结果如图 7-153 和图 7-154 所示。

图 7-153

图 7-154

（1）选择场景中的窗户玻璃模型，如图 7-155 所示。

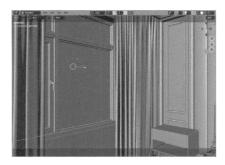

图 7-155

（2）在"材质属性"面板中，单击"新建"按钮，如图 7-156 所示，为其添加一个新的材质。

图 7-156

（3）在"表（曲）面"卷展栏中，设置"表（曲）面"为"原理化 BSDF"，"高光"为 1，"糙度"为 0，"透射"为 1，如图 7-157 所示。

图 7-157

（4）在"物体属性"面板中，展开"可见性"卷展栏内的"射线可见性"卷展栏，取消勾选"阴影"，如图 7-158 所示。

图 7-158

> 💡 **技巧与提示**　窗户玻璃模型需要取消勾选"阴影"选项，否则窗户模型会阻挡窗外的光线。而场景中的酒杯和接水盆模型则不需要取消勾选该选项。

（5）设置完成后，玻璃材质的预览结果如图 7-159 所示。

图 7-159

7.5.3　制作地板材质

本实例中的地板材质渲染结果如图 7-160 所示。

图 7-160

（1）选择场景中的地板模型，如图 7-161 所示。

图 7-161

（2）在"材质属性"面板中，单击"新建"按钮，如图 7-162 所示，为其添加一个新的材质。

图 7-162

（3）在"表（曲）面"卷展栏中，设置"表（曲）面"为"原理化 BSDF"，将"基础色"设置为"地板 .jpg"贴图，如图 7-163 所示。

图 7-163

（4）设置"高光"为 1，"糙度"为 0.25，如图 7-164 所示。

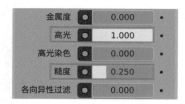

图 7-164

（5）设置完成后，地板材质的预览结果如图 7-165 所示。

图7-165

7.5.4　制作陶瓷材质

本实例中桌子上的杯子使用了陶瓷材质，渲染结果如图 7-166 所示。

图7-166

（1）选择场景中的杯子模型，如图 7-167 所示。

图7-167

（2）在"材质属性"面板中，单击"新建"按钮，如图 7-168 所示，为其添加一个新的材质。

图7-168

（3）在"表（曲）面"卷展栏中，设置"表（曲）面"为"原理化 BSDF"，"基础色"为绿色，"高光"为 1，"糙度"为 0.1，如图 7-169 所示。其中，基础色颜色的参数设置如图 7-170 所示。

图7-169

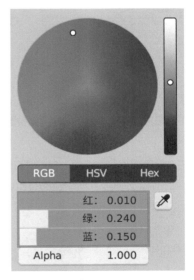

图7-170

（4）设置完成后，陶瓷材质的预览结果如图 7-171 所示。

图7-171

7.5.5　制作毯子材质

本实例中毯子材质的渲染结果如图7-172所示。

图7-172

（1）选择场景中的毯子模型，如图7-173所示。

图7-173

（2）在"材质属性"面板中，单击"新建"按钮，如图7-174所示，为其添加一个新的材质。

图7-174

（3）在"表（曲）面"卷展栏中，设置"表（曲）面"为"原理化BSDF"，将"基础色"设置为"毯子布纹.jpg"，如图7-175所示。

图7-175

（4）设置"法向"为"凹凸"，将"高度"设置为"毯子布纹.jpg"，如图7-176所示。

图7-176

（5）在"着色器编辑器"面板中，查看凹凸节点的连接关系，如图7-177所示。

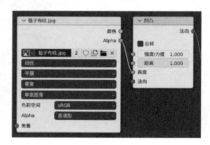

图7-177

（6）将贴图节点的"颜色"连接至"凹凸"节点的"高度"上，如图7-178所示。

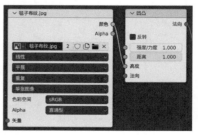

图7-178

（7）设置完成后，毯子材质的预览结果如图 7-179 所示。

图 7-179

7.5.6　制作枕头材质

本实例中枕头材质的渲染结果如图 7-180 所示。

图 7-180

（1）选择场景中的枕头模型，如图 7-181 所示。

图 7-181

（2）在"材质属性"面板中，单击"新建"按钮，如图 7-182 所示，为其添加一个新的材质。

图 7-182

（3）在"表（曲）面"卷展栏中，设置"表（曲）面"为"原理化 BSDF"，将"基础色"设置为"枕头贴图 .jpg"，如图 7-183 所示。

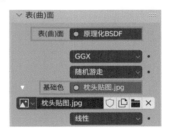

图 7-183

（4）设置完成后，枕头材质的预览结果如图 7-184 所示。

图 7-184

7.5.7　制作窗帘材质

本实例中窗帘材质的渲染结果如图 7-185 所示。

图 7-185

（1）选择场景中的薄窗帘模型，如图 7-186 所示。

图 7-186

（2）在"材质属性"面板中，单击"新建"按钮，如图 7-187 所示，为其添加一个新的材质。

图7-187

（3）在"表（曲）面"卷展栏中，设置"表（曲）面"为"半透 BSDF"，如图 7-188 所示。

图7-188

（4）设置完成后，薄窗帘材质的预览结果如图 7-189 所示。

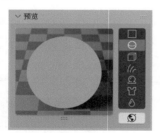

图7-189

（5）选择场景中的厚窗帘模型，如图 7-190 所示。

图7-190

（6）在"材质属性"面板中，单击"新建"按钮，如图 7-191 所示，为其添加一个新的材质。

图7-191

（7）在"表（曲）面"卷展栏中，设置"表（曲）面"为"丝绒 BSDF"，"颜色"为粉色，如图 7-192 所示。其中，丝绒颜色的参数设置如图 7-193 所示。

图7-192

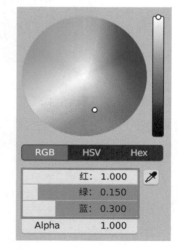

图7-193

（8）设置完成后，厚窗帘材质的预览结果如图 7-194 所示。

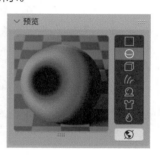

图7-194

7.5.8　制作灯泡材质及辉光效果

本实例中灯泡材质的渲染结果如图 7-195 所示。

图 7-195

（1）选择场景中的灯泡模型，如图 7-196 所示。

图 7-196

（2）在"材质属性"面板中，单击"新建"按钮，如图 7-197 所示，为其添加一个新的材质。

图 7-197

（3）在"表（曲）面"卷展栏中，设置"表（曲）面"为"原理化 BSDF"，如图 7-198 所示。

图 7-198

（4）设置"自发光（发射）"为黄色，"自发光强度"为 10，如图 7-199 所示。其中，自发光（发射）颜色的参数设置如图 7-200 所示。

图 7-199

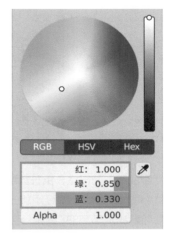

图 7-200

（5）设置完成后，灯泡材质的预览结果如图 7-201 所示。

图 7-201

（6）渲染场景，灯泡的渲染结果如图 7-202 所示。

图 7-202

💡 **技巧与提示** 渲染完成后，再使用"合成器"面板添加"辉光"节点，来制作辉光效果。

（7）执行菜单栏"窗口/新建窗口"命令，并将该窗口设置为"合成器"，在"合成器"面板中，勾选"使用节点"，即可在下方显示出"渲染层"节点和"合成"节点，如图 7-203 所示。

图 7-203

（8）在"合成器"面板中，执行菜单栏"添加/滤镜（过滤）/辉光"命令，即可添加一个"辉光"节点，然后将"渲染层"节点的"图像"连接至"辉光"节点的"图像"上，将"辉光"节点的"图像"再连接至"合成"节点的"图像"上，如图 7-204 所示。

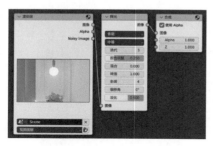

图 7-204

（9）设置完成后，观察渲染结果，我们可以看到默认的辉光效果如图 7-205 所示。

图 7-205

（10）在"辉光"节点中，设置辉光的形态为"雾晕"，如图 7-206 所示。

图 7-206

（11）设置完成后，观察渲染结果，我们可以看到调整后的辉光效果如图 7-207 所示。

图 7-207

（12）执行菜单栏"添加/输出/预览器"命令，即可添加一个"预览器"节点。将"辉光"节点的"图像"连接至"预览器"节点的"图像"上，如图 7-208 所示。这样，我们还可以在"合成器"面板中看到添加了"辉光"节点后的预览结果。

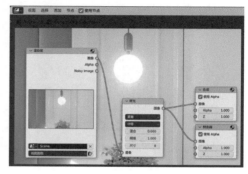

图 7-208

7.5.9　渲染设置

（1）在"渲染属性"面板中，设置"渲染引擎"为 Cycles，如图 7-209 所示。

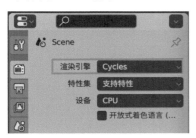

图7-209

（2）在"输出属性"面板中，设置"分辨率 X"为1300px，"分辨率Y"为800px，如图 7-210 所示。

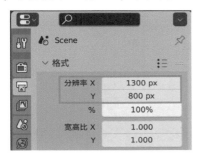

图7-210

（3）在"世界属性"面板中，设置"强度 / 力度"为 5，如图 7-211 所示。

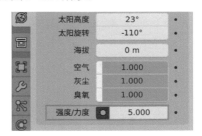

图7-211

（4）执行菜单栏"渲染 / 渲染图像"命令，渲染场景，本实例的最终渲染结果如图 7-212 所示。

图7-212

第 **8** 章

动画技术

8.1　动画概述

　　动画，是一门综合性强的艺术，广泛应用于电视、电影、游戏、广告和其他媒体中，经过多年的发展，已经形成了较为完善的理论体系，催生了多元化的产业形态，其独特的艺术魅力深受人们的喜爱。本书暂且将动画狭义地定义为使用 Blender 来设置对象的形变及运动过程。使用 Blender 3.4 创作的虚拟元素与现实中的对象合成在一起可以带给观众逼真的视觉感受。

　　迪士尼公司早在 20 世纪 30 年代左右就提出了著名的"动画十二法则"，这些传统动画的基本法则不但适用于定格动画、黏土动画、二维动画，也同样适用于三维电脑动画。建议读者在学习本章内容之前，阅读一下相关书籍并掌握一定的动画基础理论，这样非常有助于我们制作出更加令人惊叹的动画效果。

8.2　关键帧基础知识

　　关键帧动画是 Blender 最常用的，也是最基础的动画技术。简单来说，就是在关键时间点上设置数据记录，而 Blender 则根据这些关键点上的数据来完成中间时间段内的动画计算，这样一段流畅的三维动画就制作完成了。

8.2.1　设置关键帧

　　启动中文版 Blender 3.4，选择场景中自动生成的立方体模型，按下 I 键，就会弹出"插入关键帧菜单"，如图 8-1 所示。在这个菜单中，我们可以选择为所选择对象的哪些属性来设置关键帧。

　　我们还可以在"物体属性"面板中，单击"位置 X"属性后面的圆点按钮，如图 8-2 所示。单击后，该圆点按钮会变成菱形按钮，如图 8-3 所示。这样，我们可以为所选择对象位置属性的某一轴向单独设置关键帧。也就是说，当属性后面有这个圆点按钮时，则代表该属性可以设置动画关键帧。

图 8-1

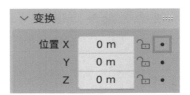

图 8-2

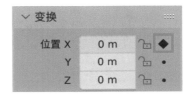

图 8-3

8.2.2　更改关键帧

　　在"时间线"面板中，我们可以看到添加的动画关键帧，显示为菱形。当关键帧的颜色为黄色时，该关键帧为选中状态；当关键帧的颜色为白色时，则为未选中状态，如图 8-4 所示。

图 8-4

当我们选中关键帧后，可以直接在"时间线"面板中对其进行位置上的调整。如果想要删除关键帧，我们先选择关键帧，按下组合键"Fn+Backspace"直接删除，或者按下 X 键，在弹出的菜单中执行"删除关键帧"命令，如图 8-5 所示。

图8-5

8.2.3 动画运动路径

当我们为模型设置了位置动画后，我们可以在"物体属性"面板中，展开"运动路径"卷展栏，单击"计算"按钮，如图 8-6 所示。我们可以为所选物体创建运动路径，如图 8-7 所示。

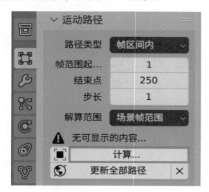

图8-6

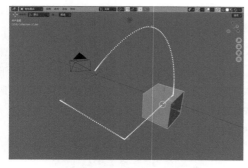

图8-7

在"显示"卷展栏中，我们还可以通过勾选"帧序号"，如图 8-8 所示，在视图中显示出每一帧的序列号，如图 8-9 所示。

图8-8

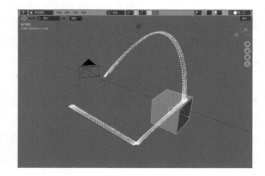

图8-9

在"显示"卷展栏中，勾选"自定义颜色"，如图 8-10 所示。我们可以在这里调整运动路径显示的颜色，如图 8-11 所示。

图8-10

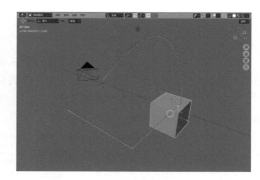

图8-11

在"运动路径"卷展栏中，单击"清除物体路径"按钮，如图 8-12 所示，则可以删除所选择物体的运动路径。

图8-12

8.2.4　曲线编辑器

在"曲线编辑器"面板中，我们可以很方便地查看物体的动画曲线并进行编辑，如图 8-13 所示。

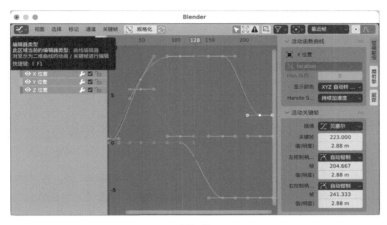

图8-13

8.2.5　实例：制作小球弹跳动画

在本实例中，我们通过制作小球弹跳动画效果来学习动画关键帧的基本设置方法及如何在"曲线编辑器"面板中调整物体的动画曲线，如图 8-14 所示。

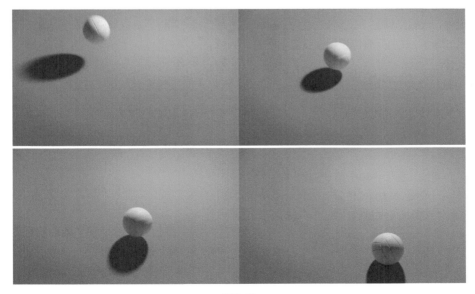

图8-14

（1）启动中文版 Blender 3.4，打开配套场景文件"排球 .blend"，里面有一个排球模型，如图 8-15 所示。

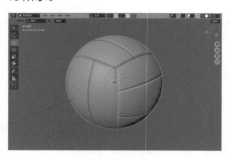

图8-15

（2）在"时间线"面板中单击第 0 帧，在"物体属性"面板中，设置排球的"位置 Z"为 1m，并为"位置 X""位置 Y""位置 Z""旋转 X"设置动画关键帧，如图 8-16 所示。

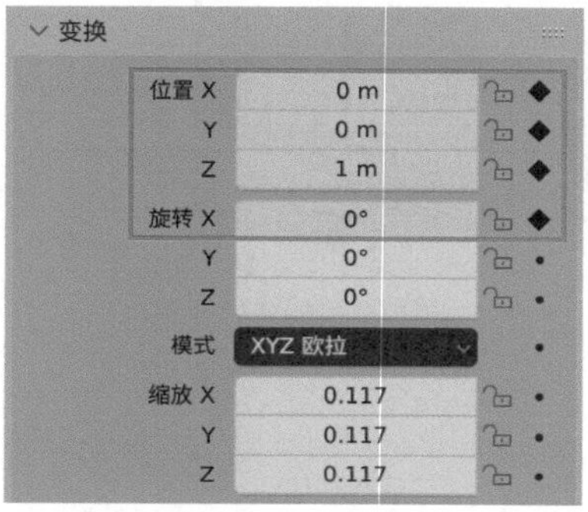

图8-16

（3）在"时间线"面板中单击第 20 帧，在"物体属性"面板中，设置排球的"位置 Y"为 –0.6m，"位置 Z"为 0.23m，并为所有位置属性设置动画关键帧，如图 8-17 所示。

图8-17

（4）在"时间线"面板中单击第 36 帧，在"物体属性"面板中，设置排球的"位置 Y"为 –1.2m，并为所有位置属性设置动画关键帧，如图 8-18 所示。

图8-18

（5）回到第 28 帧，在"物体属性"面板中，设置排球的"位置 Z"为 0.4m，并仅为该属性设置动画关键帧，如图 8-19 所示。

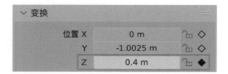

图8-19

（6）在"时间线"面板中单击第 51 帧，在"物体属性"面板中，设置排球的"位置 Y"为 –1.6m，并为所有位置属性设置动画关键帧，如图 8-20 所示。

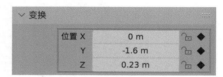

图8-20

（7）回到第 44 帧，在"物体属性"面板中，设置排球的"位置 Z"为 0.3m，并仅为该属性设置动画关键帧，如图 8-21 所示。

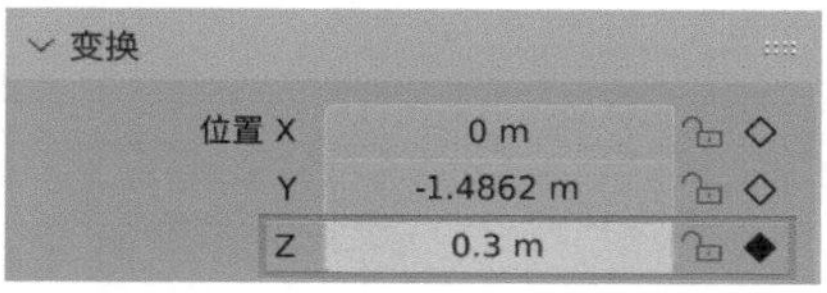

图8-21

（8）在"时间线"面板中单击第 70 帧，在"物体属性"面板中，设置排球的"位置 Y"为 –2m，"旋转 X"为 400°，并为这 2 个属性设置动画关键帧，如图 8-22 所示。

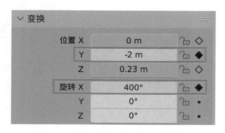

图8-22

（9）设置完成后，在"运动路径"卷展栏中，单击"计算"按钮，如图 8-23 所示。

（10）在系统自动弹出的"计算物体运动路径"对话框中，单击"确定"按钮，如图 8-24 所示，即可为所选择的物体创建运动路径。

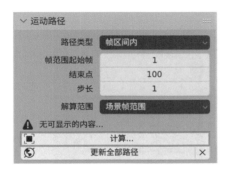

图 8-23

图 8-24

（11）创建完成后，运动路径的视图显示结果如图 8-25 所示。这时，我们可以按下空格键，播放场景动画来观察排球模型的运动情况。我们可以发现，排球的弹跳效果特别不自然。

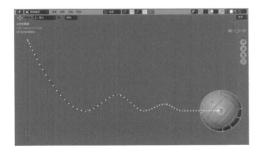

图 8-25

（12）选中排球模型，执行菜单栏"窗口/新建窗口"命令，并将该窗口设置为"曲线编辑器"面板，如图 8-26 所示。

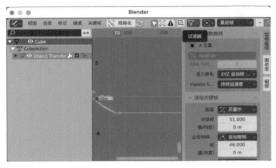

图 8-26

（13）在"曲线编辑器"面板的左侧，单击排球

的"X 位置""Y 位置""X 欧拉旋转"这些属性前面的眼睛图标，将其动画曲线进行隐藏，如图 8-27 所示。

图 8-27

（14）选择"Z 位置"属性动画曲线上的所有关键帧，如图 8-28 所示。

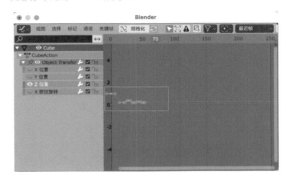

图 8-28

（15）执行菜单栏"视图/框显所选"命令，即可清楚地在"曲线编辑器"面板中查看排球的动画曲线，如图 8-29 所示。

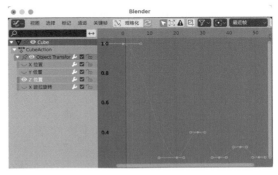

图 8-29

（16）选择如图 8-30 所示的关键帧，单击鼠标右键，在弹出的菜单中执行"控制柄类型/自由"命令。

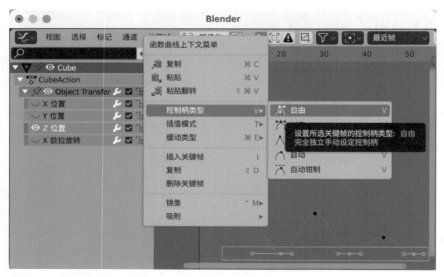

图8-30

（17）在"曲线编辑器"面板中调整动画曲线的形态至如图8-31所示。

（18）在"运动路径"卷展栏中，单击"更新路径"按钮，如图8-32所示。

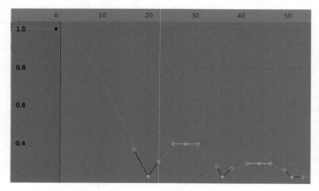

图8-31

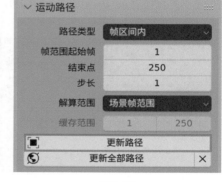

图8-32

（19）设置完成后，再次观察视图中排球的运动路径，如图8-33所示。

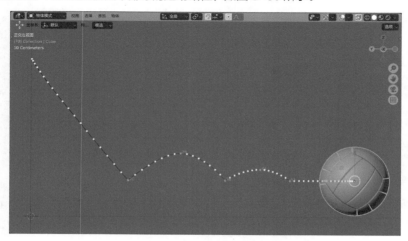

图8-33

（20）本实例最终制作完成的动画效果如图 8-34 所示。

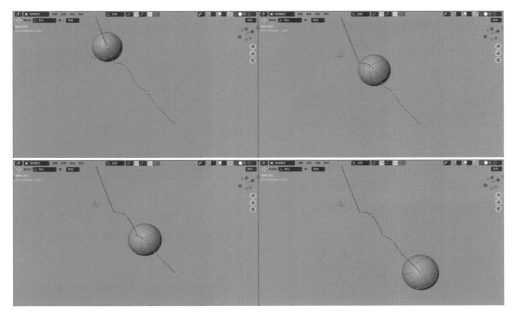

图8-34

8.2.6　实例：制作风扇旋转动画

在本实例中，我们通过制作一个电风扇动画来学习循环关键帧的设置方法及如何通过父级关系来控制多个物体产生动画效果，如图 8-35 所示。

图8-35

（1）启动中文版 Blender 3.4，打开配套场景文件"电风扇 .blend"，里面有一个电风扇模型，如图 8-36 所示。

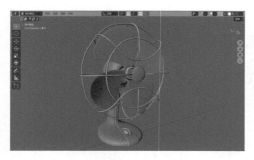

图8-36

（2）在"大纲视图"面板中，可以看到这个电风扇模型由4个模型所组成，如图8-37所示。

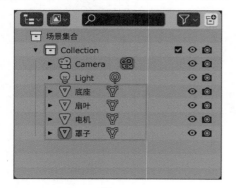

图8-37

（3）在场景中选择扇叶模型，如图8-38所示。

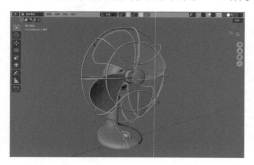

图8-38

（4）在第1帧位置处，展开"变换"卷展栏，为其旋转的Y属性设置关键帧，如图8-39所示。

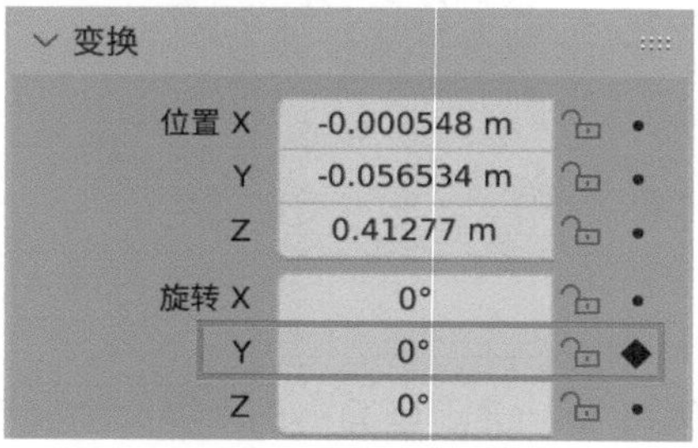

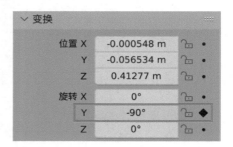

图8-39

（5）在"时间线"面板中单击第10帧，设置"旋转Y"为-90°，并为其设置关键帧，如图8-40所示。

变换			
位置 X	-0.000548 m		•
Y	-0.056534 m		•
Z	0.41277 m		•
旋转 X	0°		•
Y	-90°		◆
Z	0°		•

图8-40

（6）在"曲线编辑器"面板中，查看我们刚刚为电风扇的扇叶所设置的旋转动画曲线，如图8-41所示。

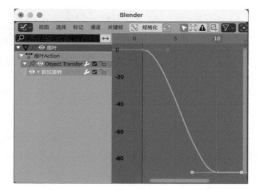

图8-41

（7）选择"Y欧拉旋转"属性上的2个关键帧，单击鼠标右键，在弹出的菜单中执行"控制柄类型/矢量"命令，如图8-42所示。

图8-42

（8）设置完成后，我们可以看到现在扇叶的动画曲线形态如图8-43所示，为匀速运动状态。

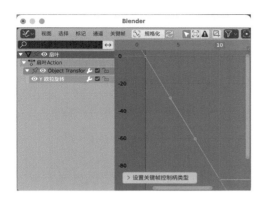

图8-43

（9）在"曲线编辑器"面板右侧的"修改器"面板中，为其添加"循环"修改器，如图8-44所示。

图8-44

💡 **技巧与提示**　"循环"修改器添加完成后，"修改器"面板中会显示其英文名称Cycles。

（10）在"修改器"面板中，设置"之前模式"为"带偏移重复"，"之后模式"为"带偏移重复"，如图8-45所示。

图8-45

（11）设置完成后，在"曲线编辑器"面板中观察扇叶的动画曲线，如图8-46所示。

图8-46

（12）接下来，制作电风扇的上下摇头动画。先选择扇叶模型，按下Shift键加选电机模型，如图8-47所示。按下组合键"Ctrl+P"，在弹出的"设置父级目标"菜单中执行"物体"，如图8-48所示，即可将电机模型设置为扇叶模型的父级目标。

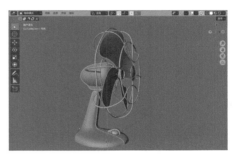

图8-47

图8-48

（13）使用同样的操作步骤，将电机模型设置为罩子模型的父级目标，如图8-49所示。

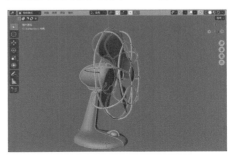

图8-49

（14）设置完成后，我们可以在"大纲视图"面板中查看这些模型的上下层级关系，如图8-50所示。

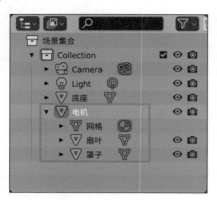

图8-50

（15）选择场景中的电机模型，如图8-51所示。

图8-51

（16）在"时间线"面板中单击第60帧，展开"变换"卷展栏，为其"旋转X"属性设置关键帧，如图8-52所示。

图8-52

（17）在"时间线"面板中单击第80帧，设置"旋转X"为15°，并为其设置关键帧，如图8-53所示。

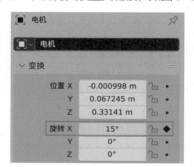

图8-53

（18）本实例最终制作完成的动画效果如图8-54所示。

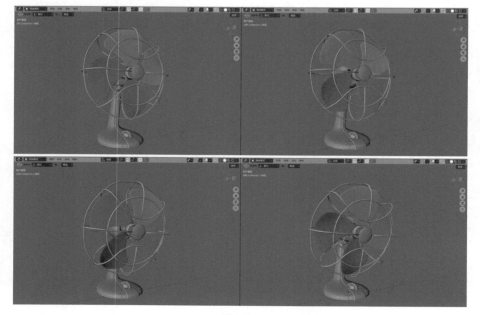

图8-54

8.2.7　实例：制作植物抖动动画

在本实例中，我们通过制作植物抖动动画来学习如何为动画曲线添加修改器，从而实现动画效果，如图 8-55 所示。

图 8-55

（1）启动中文版 Blender 3.4，打开配套场景文件"植物 .blend"，里面有一个植物模型，如图 8-56 所示。

图 8-56

（2）选择植物模型，在"修改器属性"面板中，添加"简易形变"修改器，如图 8-57 所示。

（3）在"时间线"面板中单击第 1 帧，设置"简易形变"为弯曲，"角度"值为 0°，并为"角度"设置关键帧，"轴向"为 Y，如图 8-58 所示。

图 8-57

图 8-58

（4）在"时间线"面板中单击第20帧，设置"角度"为20°，并为其设置关键帧，如图8-59所示。

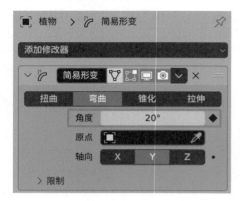

图8-59

（5）在"曲线编辑器"面板中，查看我们刚刚为植物抖动动画所设置的动画曲线，如图8-60所示。

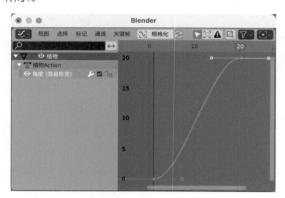

图8-60

（6）在"修改器"面板中，为动画曲线添加"循环"修改器，如图8-61所示。

图8-61

（7）在"修改器"面板中，设置"之前模式"为"重复镜像部分"，"之后模式"为"重复镜像部分"，如图8-62所示。

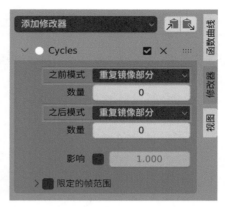

图8-62

（8）设置完成后，观察植物模型"角度"属性的动画曲线效果，如图8-63所示。

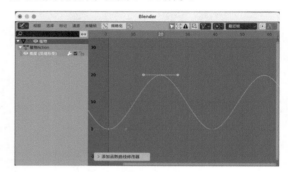

图8-63

（9）在"修改器"面板中，为动画曲线添加"噪波"修改器，如图8-64所示。

图8-64

（10）在"修改器"面板中，设置噪波修改器的"缩放"为2，"强度/力度"为0.1，如图8-65所示。

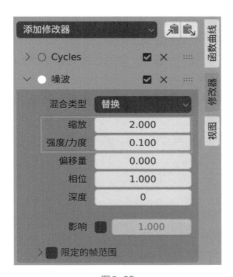

图8-65

（11）设置完成后，观察植物模型"角度"属性的动画曲线效果，如图 8-66 所示。

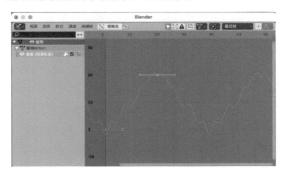

图8-66

（12）设置完成后，播放动画，最终的动画效果如图 8-67 所示。

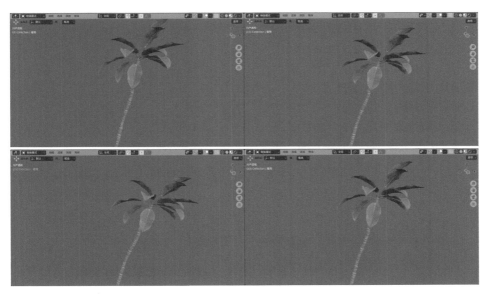

图8-67

8.3 约束

动画约束是一种特殊的控制器，可以帮助用户将动画过程自动化。通过与另一个对象的绑定关系，用户可以使用约束将某个对象和另一个对象绑定，来控制对象的位置、旋转或缩放。通过对对象设置约束，可以将多个物体的变换约束到一个物体上，从而极大地减少动画师的工作量，也便于项目后期对动画进行修改。在"物体约束属性"面板中，即可看到 Blender 3.4 为用户所提供的所有约束命令，如图 8-68 所示。

运动追踪	变换	追踪	关系
摄像机解算	复制位置	钳制到	动作
跟踪轨迹	复制旋转	阻尼追踪	骨架
物体解算	复制缩放	锁定追踪	子级
	复制变换	拉伸到	基面(向下取整)
	限定距离	标准跟随	跟随路径
	限定位置		轴心
	限定旋转		缩裹
	限定缩放		
	维持体积		
	变换		
	变换缓存		

图8-68

8.3.1 复制位置

复制位置约束可以将一个物体的位置复制到另一个物体上，其参数设置如图8-69所示。

图8-69

工具解析

目标：设置复制位置的约束目标。

轴向：设置复制位置的约束轴向。

反转：设置反转对应的轴向。

偏移量：允许约束对象相对于目标产生一定的偏移。

8.3.2 子级

子级约束与父子关系约束非常相似，其参数设置如图8-70所示。

图8-70

工具解析

目标：设置子级的父对象。

位置/旋转/缩放：设置是否继承父对象的位置/旋转/缩放的影响。

"设置反向"按钮：单击该按钮会使得物体恢复至初始状态。

"清除反向"按钮：单击该按钮会清除"设置反向"影响。

影响：设置子级约束的影响比例。

8.3.3 跟随路径

跟随路径约束可以将物体约束至曲线上，其参数设置如图8-71所示。

图8-71

工具解析

目标：设置跟随路径的目标。

偏移量：设置物体相对于曲线的偏移量。

前进轴：设置物体前进的坐标轴。

向上坐标轴：设置物体向上的坐标轴。

"动画路径"按钮：单击该按钮产生路径动画效果。

影响：设置跟随路径约束的影响比例。

8.3.4 实例：制作摄像机环绕动画

在本实例中，我们通过制作摄像机环绕动画来学习"跟随路径"约束和"标准跟随"约束的使用方法，如图8-72所示。

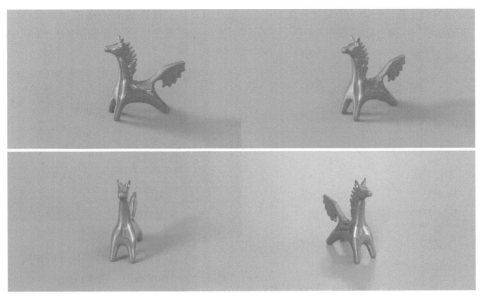

图8-72

（1）启动中文版 Blender 3.4，打开配套场景文件"摆件.blend"，里面有一个马造型的摆件模型，该场景已经设置好了材质及灯光照明，如图 8-73 所示。

图8-73

（2）执行菜单栏"添加/曲线/圆环"命令，在场景中创建一个名称为"贝塞尔圆"的圆形图形，如图 8-74 所示。

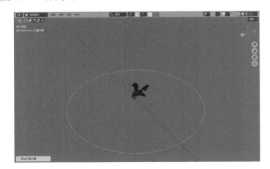

图8-74

（3）执行菜单栏"添加/摄像机"命令，在场景中创建一个摄像机，如图 8-75 所示。

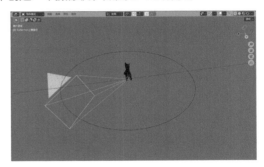

图8-75

（4）执行菜单栏"添加/空物体/纯轴"命令，在场景中创建一个名称为"空物体"的纯轴，如图 8-76 所示。

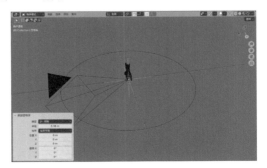

图8-76

（5）选择摄像机，在"物体约束属性"面板中，为其添加"跟随路径"约束，如图8-77所示。

图8-77

（6）单击"目标"后面吸管形状的"吸取数据块"按钮，如图8-78所示。

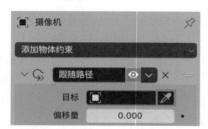

图8-78

（7）选中场景中的圆形图形，将其设置为目标对象后，我们可以看到圆形图形的名称会出现在"目标"的后面，再单击"动画路径"按钮，如图8-79所示。

图8-79

（8）设置完成后，播放场景动画，我们可以看到现在摄像机会沿着圆形图形位移，如图8-80所示。

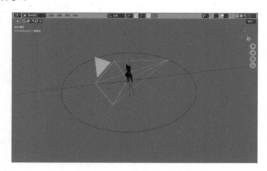

图8-80

（9）选择摄像机，在"物体约束属性"面板中，为其添加"标准跟随"约束，如图8-81所示。

图8-81

（10）单击"目标"后面吸管形状的"吸取数据块"按钮，如图8-82所示。

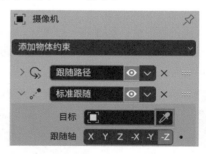

图8-82

（11）选中场景中的纯轴，将其设置为目标对象后，我们可以看到纯轴的名称会出现在"目标"的后面，如图8-83所示。

图8-83

（12）设置完成后，播放场景动画，我们可以看到现在摄像机会绕着纯轴进行旋转，如图 8-84 所示。

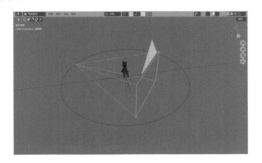

图8-84

（13）选择圆形图形，调整其位置至如图 8-85

所示。

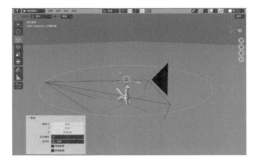

图8-85

（14）选择纯轴，调整其位置至如图 8-86 所示。

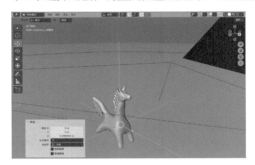

图8-86

（15）切换至"摄像机视图"，最终的动画效果如图 8-87 所示。

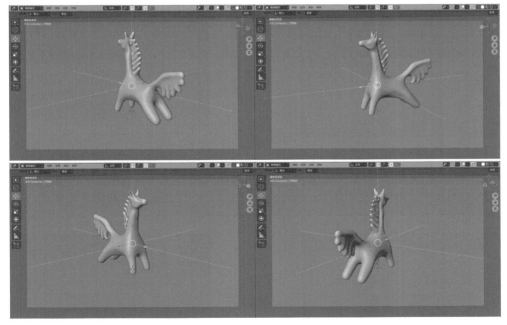

图8-87

8.3.5 实例：制作汽车行驶动画

在本实例中，我们通过制作汽车行驶动画来学习"变换"约束的使用方法，如图 8-88 所示。

图8-88

（1）启动中文版 Blender 3.4，打开配套场景文件"汽车 .blend"，里面有一辆汽车的模型，如图 8-89 所示。

图8-89

（2）执行菜单栏"添加 / 空物体 / 单向箭头"命令，在场景中创建一个名称为"空物体"的单向箭头，如图 8-90 所示。

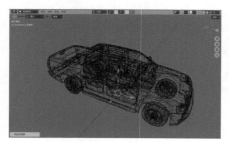

图8-90

（3）沿 Z 轴调整单项箭头的位置，旋转角度调整至如图 8-91 所示，代表车辆行驶的方向。

图8-91

（4）选择构成汽车模型的所有零件模型，最后按下 Shift 键，加选单项箭头。读者需注意，确保最后一个选择的对象是单项箭头，如图 8-92 所示。

图8-92

（5）按下组合键"Ctrl+P"，在弹出的"设置父级目标"菜单中执行"物体"，如图 8-93 所示。设置完成后，我们可以看到汽车模型与单项箭头之间出现了黑色的虚线，如图 8-94 所示。

图8-93

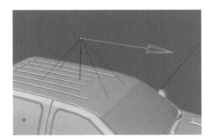

图8-94

（6）选择车前方右侧的车轮模型，如图 8-95 所示。

图8-95

（7）在"物体约束属性"面板中，为其添加"变换"约束，如图 8-96 所示。

图8-96

（8）在"变换"卷展栏中，设置"目标"为名称为"空物体"的单项箭头，勾选"延伸"。在"映射自"卷展栏中，设置"位置"Y的"最大值"为2.1m。在"映射至"卷展栏中，设置"旋转"的"X源轴"为Y，"最大值"为 -360°，如图 8-97 所示。

图8-97

💡 **技巧与提示**　"位置"属性Y的"最大值"取决于车轮的周长，也就是说当汽车的车轮旋转360°后，汽车行驶的距离应该与车轮的周长一致。根据周长公式，这个最大值应该是3.14乘以车轮的直径。而车轮的直径则可根据"条目"面板中"尺寸"的Y属性来确定，如图8-98所示。

图8-98

（9）设置完成后，我们在场景中尝试沿 Y 轴移动单项箭头的位置，即可看到汽车右前轮也会产生相应的旋转效果。

（10）选择汽车右后轮模型，如图 8-99 所示。

（11）在"物体约束属性"面板中，为其添加"复制旋转"约束，如图 8-100 所示。

图 8-99

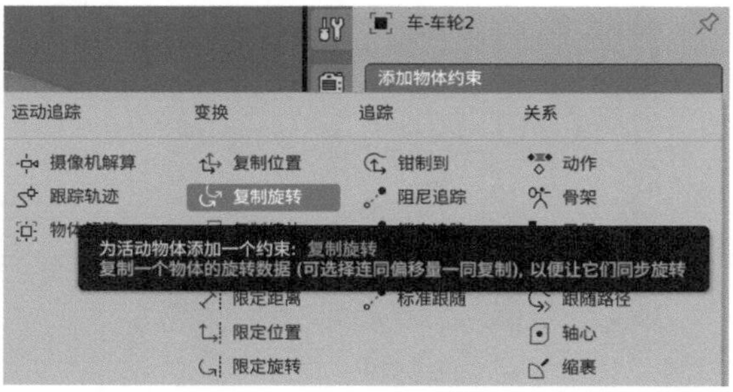

图 8-100

（12）在"复制旋转"卷展栏中，设置"目标"为汽车右前轮模型，如图 8-101 所示。

（13）以同样的操作步骤，为汽车的另外 2 个车轮模型也添加"复制旋转"约束。

（14）选择单项箭头，在第 1 帧，为"位置"的 Y 属性设置关键帧，如图 8-102 所示。

（15）在第 80 帧，设置"位置"的 Y 为 3m，并为其设置关键帧，如图 8-103 所示。

图 8-101

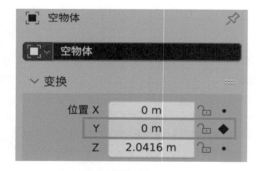

图 8-102

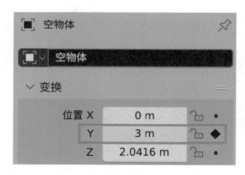

图 8-103

（16）最终的动画效果如图 8-104 所示。

图 8-104

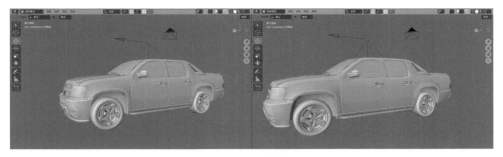

图8-104（续）

8.3.6　实例：制作蝴蝶飞舞动画

在本实例中，我们通过制作蝴蝶飞舞动画来学习"变换"约束的使用方法，如图 8-105 所示。

图8-105

（1）启动中文版 Blender 3.4，打开配套场景文件"蝴蝶 .blend"，里面有一只蝴蝶模型，如图 8-106 所示。

图8-106

（2）选择蝴蝶左翅模型，在第 1 帧设置"旋转"的 Y 为 -20°，并为其设置关键帧，如

图 8-107 所示。

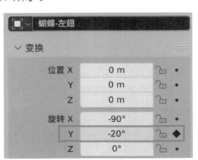

图8-107

（3）在第 10 帧设置"旋转"的 Y 为 75°，并为其设置关键帧，如图 8-108 所示。

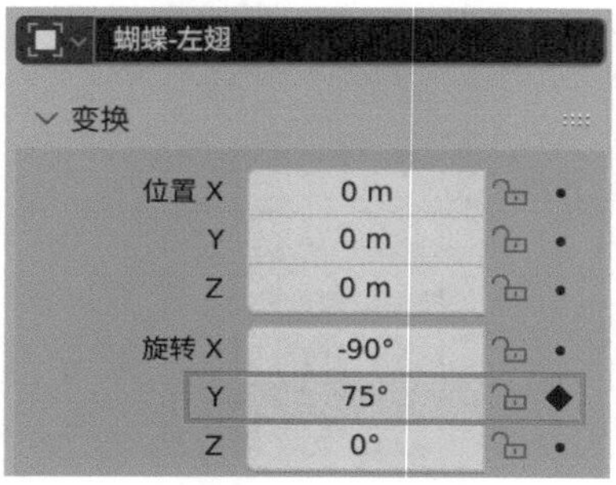

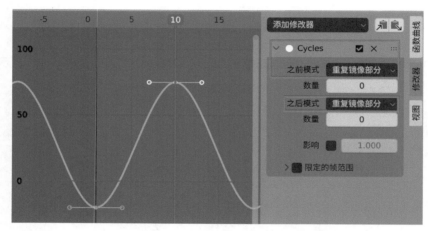

图8-108

（4）在"曲线编辑器"面板中，为蝴蝶左翅的动画曲线添加"循环"修改器，并设置"之前模式"为"重复镜像部分"，"之后模式"为"重复镜像部分"，如图8-109所示。

图8-109

（5）接下来，为蝴蝶的右翅模型也制作出同样的动画效果，这样，蝴蝶扇动翅膀的循环动画就制作完成了，如图8-110所示。

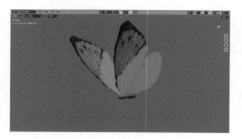

图8-110

（6）执行菜单栏"添加／曲线／NURBS曲线"命令，在场景中生成一条曲线，如图8-111所示。

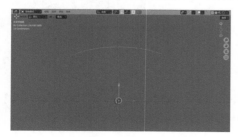

图8-111

（7）按下Tab键，进入"编辑模式"，选择如图8-112所示的顶点，多次按下E键，对其进行挤出操作，得到如图8-113所示的曲线形状。

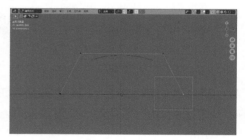

图8-112

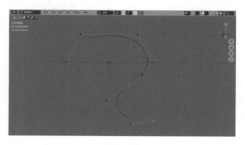

图8-113

（8）执行菜单栏"添加／空物体／纯轴"命令，

在场景中创建一个名称为"空物体"的纯轴，如图 8-114 所示。

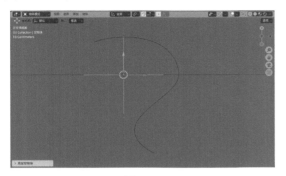

图8-114

（9）选择构成蝴蝶的 3 个模型，按下 Shift 键，最后加选纯轴，如图 8-115 所示。

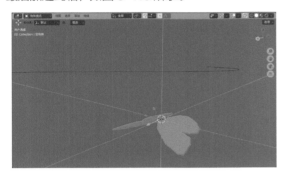

图8-115

（10）按下组合键"Ctrl+P"，在弹出的"设置父级目标"菜单中执行"物体"，如图 8-116 所示。

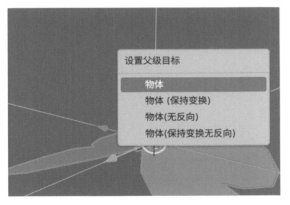

图8-116

（11）设置完成后，我们可以在"大纲视图"面板中查看蝴蝶模型与纯轴之间的上下层级关系，如图 8-117 所示。

图8-117

（12）选择纯轴，在"物体约束属性"面板中，为其添加"跟随路径"约束，如图 8-118 所示。

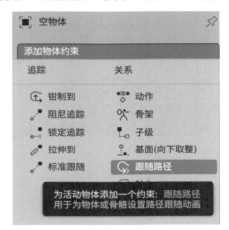

图8-118

（13）在"跟随路径"卷展栏中，设置"目标"为我们刚刚绘制的曲线，勾选"跟随曲线"，再单击"动画路径"按钮，即可为纯轴生成动画效果，如图 8-119 所示。

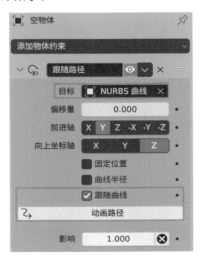

图8-119

（14）最终的动画效果如图 8-120 所示。

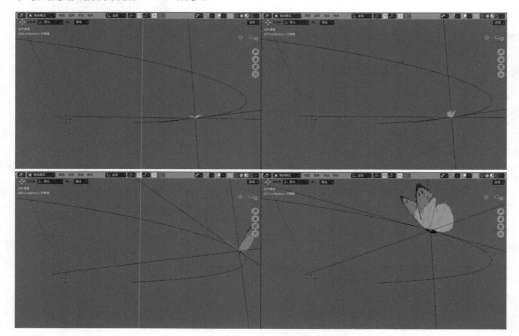

图8-120

第 **9** 章

动力学动画

9.1 动力学概述

中文版 Blender 3.4 为动画师提供了多个功能强大且易于掌握的动力学动画模拟系统，主要有布料动力学、刚体动力学、流体动力学和粒子系统，主要用来制作运动规律较为复杂的布料形变动画、刚体碰撞动画、液体流动动画及粒子群组动画。这些内置的动力学动画模拟系统不但为特效动画师们提供了效果逼真、合理的动力学动画模拟解决方案，还极大地节省了手动设置关键帧所消耗的时间。不过，需要读者注意的是，这里的某些动力学计算需要较高的计算机硬件支持和足够大的硬盘空间来存放计算缓存文件，才能够得到真实、细节丰富的动画模拟效果。

在"物体属性"面板中，我们可以找到 Blender 为用户提供的与动力学有关的按钮，如图 9-1 所示。

图9-1

9.2 设置动力学动画

9.2.1 添加动力学

在 Blender 中，当我们选择模型后，可以在"物理属性"面板中单击对应的按钮来将该模型设置为力场、软体、碰撞对象、流体、布料或是其他动力学对象。图 9-2 所示为将立方体模型设置成软体后，"物理属性"面板下方会出现与软体动画设置有关的命令。此外，我们还可以通过在"修改器属性"面板中添加"软体"修改器，进行同样的设置，如图 9-3所示。

图9-2

图9-3

9.2.2 删除动力学

如果希望删除软体动力学设置，可以在"物理属性"面板中单击"软体"按钮前面的"从活动物体上移除修改器"按钮，如图 9-4 所示。

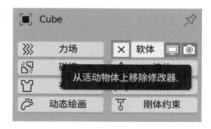

图9-4

9.2.3 流体

流体可以帮助特效师们模拟出液体的流动。当我们将模型设置为流体后，首先需要在"物理属性"面板中确定流体的"类型"，才能进行相应的动画设置，如图 9-5 所示。

图9-5

9.2.4　布料

布料动画属于一类很特殊的动画。由于布料在运动中会产生大量各种形态的随机褶皱，动画师们很难使用传统的为物体设置关键帧动画的方式来制作布料动画。所以如何制作出真实自然的布料动画一直是众多三维软件生产商所共同面对的一项技术难题。

Blender 中的布料系统可以稳定、迅速地模拟产生运动中的布料的形态。当我们将模型设置为布料后，在"物理属性"面板中会显示出与布料动画设置相关的参数及卷展栏，如图 9-6 所示。

图9-6

9.2.5　刚体

刚体用来模拟在动力学计算期间，其形态不发生改变的模型对象。例如，给场景中的任意几何体模型设置为刚体，它可能会反弹、滚动和四处滑动，但无论施加了多大的力，它都不会弯曲或折断。当我们将模型设置为刚体后，在"物理属性"面板中会显示出与刚体动画设置相关的参数及卷展栏，如图 9-7 所示。

图9-7

9.2.6　实例：制作海洋流动动画

在本实例中，我们通过制作海洋流动动画来学习如何使用简单的表达式来控制海洋动画效果及海洋材质的制作方法，如图 9-8 所示。

图9-8

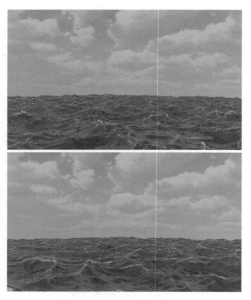

图9-8（续）

（1）启动中文版 Blender 3.4，选择里面自带的立方体模型，在"修改器属性"面板中，为其添加"洋面"修改器，如图 9-9 所示。

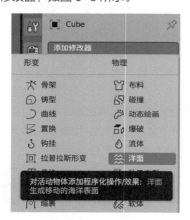

图9-9

（2）添加完成后，立方体模型会变成一个方形区域的海洋模型，如图 9-10 所示。

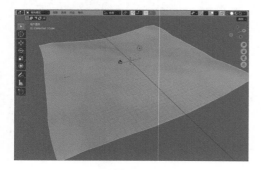

图9-10

技巧与提示　"洋面"修改器会将任何模型转换为一个方形区域的海洋模型，也就是说我们即使在场景中创建了一个猴头模型，为其添加"洋面"修改器，也会得到一个海洋模型。

（3）在"洋面"修改器中，设置"视图分辨率"为 15，"渲染"为 15，如图 9-11 所示。

图9-11

（4）在"波浪"卷展栏中，设置"缩放"为 2，"翻滚度"为 1.5，"风速率"为 6m/s，如图 9-12 所示。

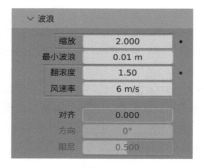

图9-12

（5）设置完成后，海洋的视图显示结果如图 9-13 所示。

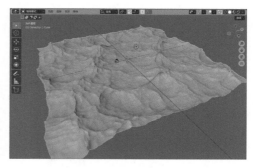

图9-13

（6）在"洋面"修改器中，在"时间"文本框内输入表达式: #frame/30，如图 9-14 所示，即可使得海洋模型随着时间帧的变化而产生流动的动画效果。

图9-14

（7）设置完成后，我们可以看到"时间"参数的背景呈紫色，说明该参数已经受表达式所影响，如图9-15所示。

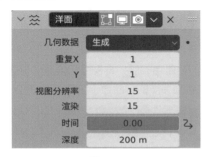

图9-15

（8）播放场景动画，海洋流动的动画效果如图9-16所示。

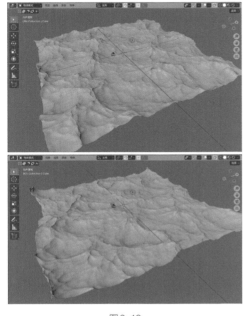

图9-16

（9）接下来，开始制作海洋材质。在"材质属性"面板中，设置"表（曲）面"为"相加着色器"，第1个"着色器"为"原理化BSDF"，第2个"着色器"为"自发光（发射）"，如图9-17所示。

图9-17

（10）设置"原理化BSDF"的"基础色"为深蓝色，如图9-18所示。其中，基础色的参数设置如图9-19所示。

图9-18

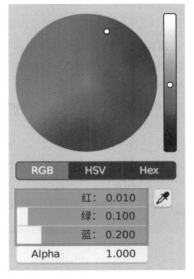

图9-19

（11）设置"高光"为1，"糙度"为0.1，"透射"为1，如图9-20所示。

图9-20

（12）设置"自发光（发射）"的"颜色"为"颜色渐变"，"系数"为"属性|系数"，"名称"为"paomo"，如图9-21所示。

图9-21

（13）设置完成后，在"着色器编辑器"面板中，查看"属性"节点与"颜色渐变"节点的连接关系，如图9-22所示。

图9-22

（14）重新将"属性"节点的"颜色"连接至"颜色渐变"节点的"系数"上，如图9-23所示。

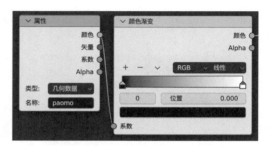

图9-23

（15）在"修改器属性"面板中，勾选"泡沫"，并设置"数据层"为"paomo"，如图9-24所示。

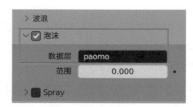

图9-24

（16）设置完成后，将视图切换至"材质预览"，我们可以看到海洋的材质显示结果如图9-25所示。

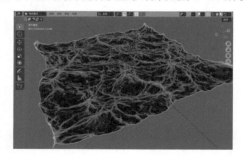

图9-25

（17）在"材质属性"面板中，设置"颜色渐变"中黑色的"位置"为0.08，如图9-26所示，微调泡沫产生的区域。

图9-26

（18）在"洋面"修改器中，设置"重复 X"和"重复 Y"分别为 2，如图 9-27 所示。这样，我们可以扩大海洋的面积，如图 9-28 所示。

图 9-27

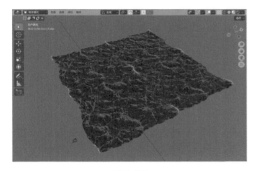

图 9-28

（19）在"世界属性"面板中，设置"颜色"为"环境纹理"，并单击"打开"按钮，选择"天空 .exr"贴图文件，如图 9-29 和图 9-30 所示。

图 9-29

图 9-30

（20）设置完成后，在"渲染预览"中可以查看添加了天空贴图后的显示结果，如图 9-31 所示。

图 9-31

（21）最终的海洋渲染效果如图 9-32 所示。

图 9-32

9.2.7 实例：制作倒入饮料动画

在本实例中，我们通过制作倒入饮料动画来学习流体动画的相关设置技巧，如图9-33所示。

图9-33

（1）启动中文版Blender 3.4，打开配套场景文件"杯子.blend"，里面有一个水杯模型，如图9-34所示。

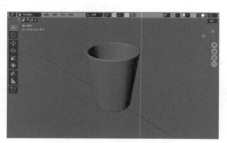

图9-34

（2）执行菜单栏"添加/网格/经纬球"命令，在场景中创建一个球体模型。在"添加UV球体"面板中，设置"半径"为0.1m，如图9-35所示。

图9-35

（3）在"物体属性"面板中，设置球体的"位置X"为0.6m，"位置Z"为1.6m，如图9-36所示。

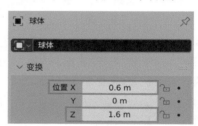

图9-36

（4）选择球体模型，执行菜单栏"物体/快速效果/快速液体"命令，将其设置为液体，这时，场景中会出现一个橙色方框，这是一个流体区域，即流体模拟的区域，如图9-37所示。

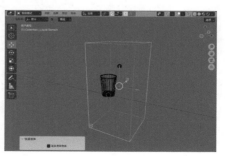

图9-37

（5）在"编辑模式"中，调整流体区域的大小至如图9-38所示。

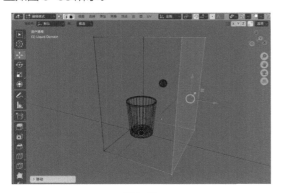

图9-38

（6）选择球体模型，在"流体"卷展栏下的"设置"卷展栏中，设置"流动行为"为"流入"，如图9-39所示。

图9-39

（7）选择杯子模型，如图9-40所示。

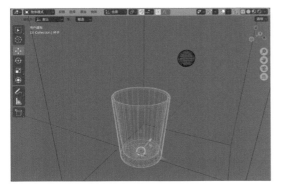

图9-40

（8）在"物体属性"面板中，单击"流体"按钮，并设置"类型"为"效果器"，如图9-41所示。

图9-41

（9）选择方框形状的流体区域，在"缓存"卷展栏中，设置"起始帧"为1，"结束帧"为100，"类型"为"模块化"，勾选"是否可恢复"，如图9-42所示。

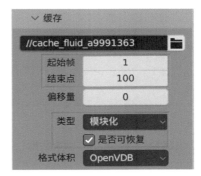

图9-42

（10）在"设置"卷展栏中，单击"烘焙数据"按钮，即可开始液体的模拟计算，如图9-43所示。

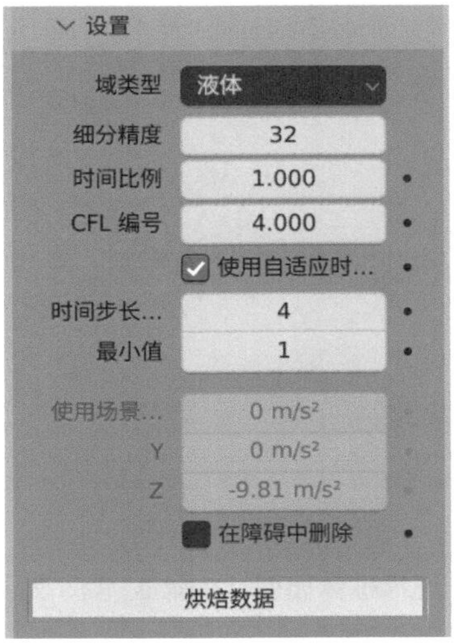

图9-43

（11）计算结果如图 9-44 所示，我们可以看到流体受重力影响所产生的自由下落效果。

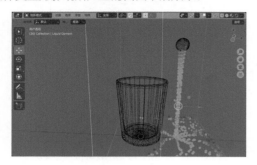

图9-44

（12）选择小球模型，在"物理属性"面板中，勾选"初始速度"，设置"初始 X"为 –2m/s，如图 9-45 所示。

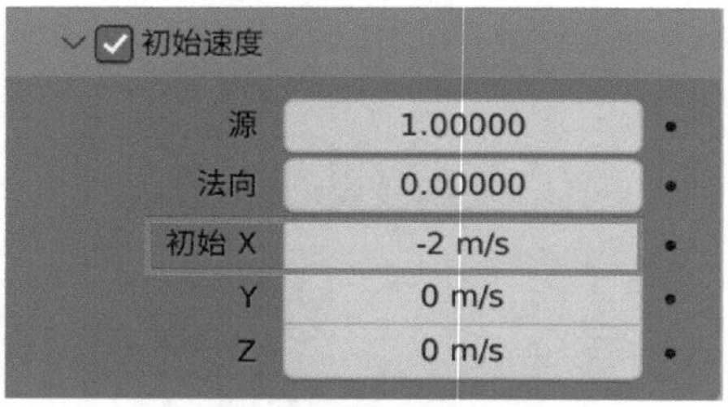

图9-45

（13）设置完成后，单击"释放数据"按钮，如图 9-46 所示。

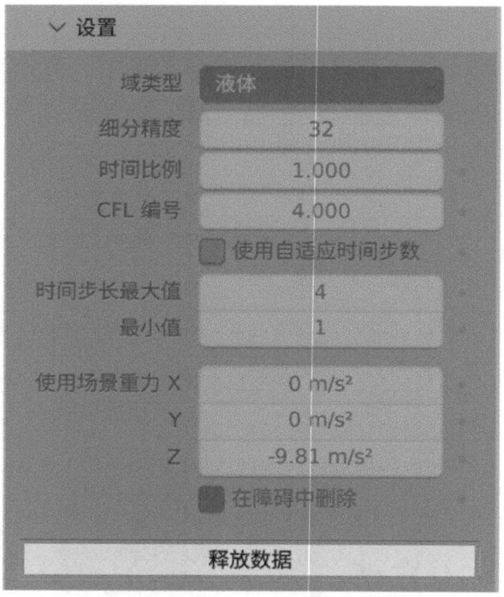

图9-46

（14）选择球体模型，在第 51 帧，为"使用流"设置关键帧，如图 9-47 所示。

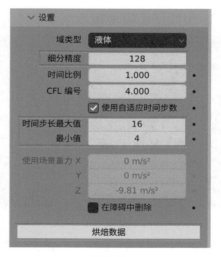

图9-47

（15）在第 52 帧，取消勾选"使用流"，并再次为其设置关键帧，如图 9-48 所示。

图9-48

（16）设置"细分精度"为 128，"时间步长最大值"为 16，"最小值"为 4，再重新单击"烘焙数据"按钮，如图 9-49 所示。

图9-49

（17）重新模拟出来的流体动画效果如图 9-50 所示。

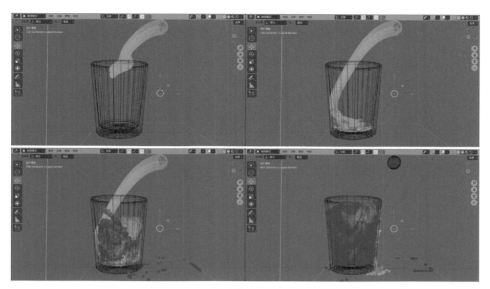

图9-50

（18）在"网格"卷展栏中，设置"粒子半径"为1，单击"烘焙网格"按钮，如图9-51所示。

（19）网格生成后，最终的动画效果如图9-52所示。

图9-51

图9-52

9.2.8　实例：制作桌布下落动画

在本实例中，我们通过制作桌布下落的动画来学习布料动画的基本设置技巧，如图 9-53 所示。

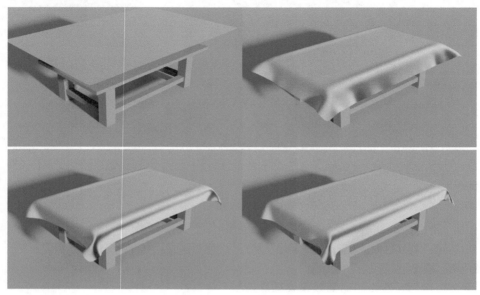

图 9-53

（1）启动中文版 Blender 3.4，打开配套场景文件"桌子 .blend"，里面有一个桌子模型，如图 9-54 所示。

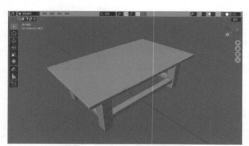

图 9-54

（2）执行菜单栏"添加 / 网格 / 平面"命令，在场景中创建一个平面模型作为桌布。在"条目"面板中，设置"位置"的 Z 为 0.7m，"尺寸"的 X 为 1.2m，"尺寸"的 Y 为 1.8m，如图 9-55 所示。

（3）在"编辑模式"中，使用"环切"工具垂直于桌布模型的 Y 方向添加边线，设置"切割次数"为 30，如图 9-56 所示。再次使用"环切"工具垂直于桌布模型的 X 方向添加边线，设置"切割次数"为 18，如图 9-57 所示。

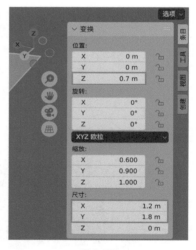

图 9-55

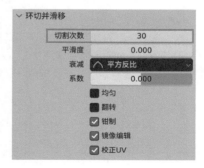

图 9-56

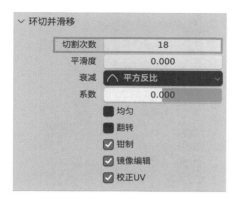

图9-57

（4）设置完成后，桌布模型的边线显示结果如图9-58所示。

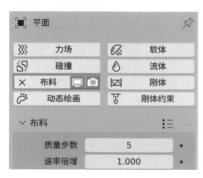

图9-58

（5）退出"编辑模式"后，选择桌布模型，在"物理属性"面板中，单击"布料"按钮，将其设置为布料，如图9-59所示。

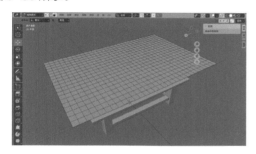

图9-59

（6）在"碰撞"卷展栏中，勾选"自碰撞"，如图9-60所示。

（7）选择桌子模型，在"物理属性"面板中，单击"碰撞"按钮，将其设置为碰撞对象，如图9-61所示。

（8）设置完成后，播放场景动画，我们可以看到桌布垂下，与桌子碰撞后所产生的布料形态，如图9-62所示。

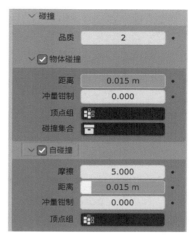

图9-60

图9-61

图9-62

（9）选择桌布模型，单击鼠标右键并执行"平滑着色"命令，如图9-63所示。设置完成后，桌布模型的视图显示结果如图9-64所示。

图9-63

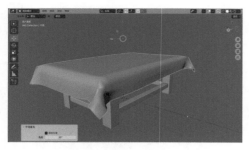

图9-64

图9-65

（10）在"修改器属性"面板中，为酒杯模型添加"表面细分"修改器，设置"视图层级"为3，"渲染"为3，如图9-65所示。

（11）最终的桌布下落动画如图9-66所示。

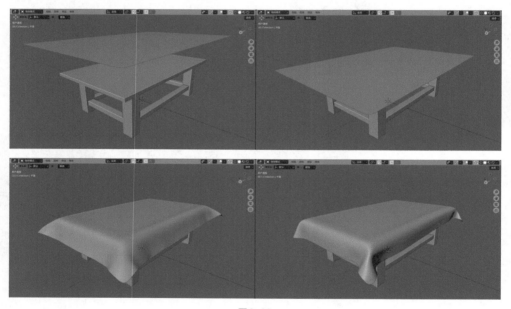

图9-66

图9-67

9.2.9 实例：制作小旗飘动动画

在本实例中，我们通过制作小旗飘动的动画来学习布料动画约束及力学的设置，如图 9-68 所示。

图9-68

（1）启动中文版 Blender 3.4，打开配套场景文件"小旗.blend"，里面有一个小旗模型，如图 9-69 所示。

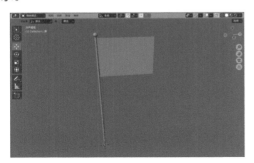

图9-69

（2）选择旗模型，如图 9-70 所示。

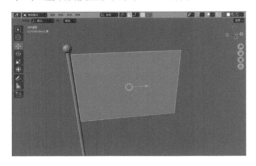

图9-70

（3）在"编辑模式"中，单击鼠标右键并执行"细分"命令，如图 9-71 所示。

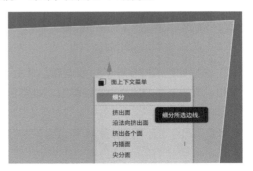

图9-71

（4）在"细分"卷展栏中，设置"切割次数"为 30，如图 9-72 所示。

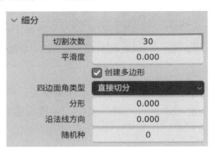

图9-72

（5）设置完成后，模型的边线效果如图9-73所示。

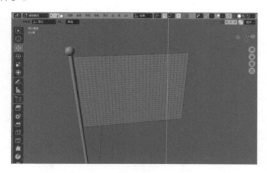

图9-73

（6）在"物体数据属性"面板中，单击"顶点组"下方的＋形状的"添加顶点组"按钮，如图9-74所示。

图9-74

（7）选择如图9-75所示的顶点后，单击"指定"按钮，将所选择的顶点指定给群组，如图9-76所示。

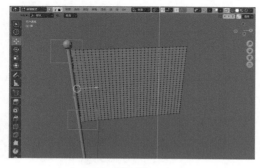

图9-75

（8）在"物体模式"中，选择旗模型，单击"物理属性"面板中的"布料"按钮，将其设置为布料，如图9-77所示。

图9-76

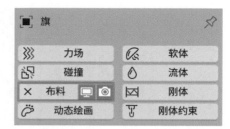

图9-77

（9）在"形状"卷展栏中，单击"钉固顶点组"后面的黑色文本框，在弹出的菜单中选择"群组"，如图9-78所示。

图9-78

（10）在"碰撞"卷展栏中，勾选"自碰撞"，如图9-79所示。

图9-79

（11）选择旗杆模型，在"物理属性"面板中，单击"碰撞"按钮，将其设置为碰撞对象，如图9-80所示。

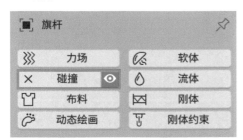

图9-80

（12）设置完成后，按下空格键，播放场景动画，我们可以看到旗受到重力影响所产生的布料变形效果，如图9-81所示。

图9-81

（13）执行菜单栏"添加/力场/风力"命令，在场景中创建风，并调整其方向和位置至如图9-82所示。

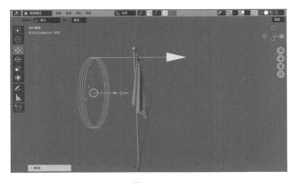

图9-82

（14）在"物理属性"面板中，设置"强度/力度"为10000，如图9-83所示。

图9-83

（15）设置完成后，播放动画，可以看到小旗受风力的影响所产生的飘动效果，如图9-84所示。

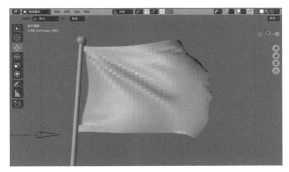

图9-84

（16）选择旗模型，单击鼠标右键并执行"平滑着色"命令，如图9-85所示。

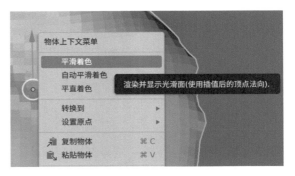

图9-85

（17）再次播放动画，最终小旗飘动动画的效果如图9-86所示。

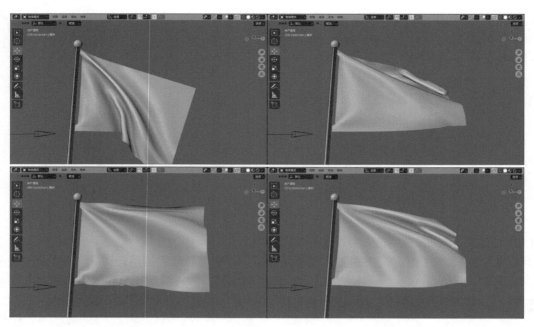

图9-86

9.2.10 实例：制作物体下落动画

在本实例中，我们通过制作物体下落的动画来学习刚体动画的基本设置技巧，如图 9-87 所示。

图9-87

（1）启动中文版 Blender 3.4，打开配套场景文件"小球 .blend"，里面有一个小罐子和一些小球模型，如图 9-88 所示。

图9-88

（2）选择罐子模型，单击"物理属性"面板中的"刚体"按钮，将其设置为刚体，如图 9-89 所示。

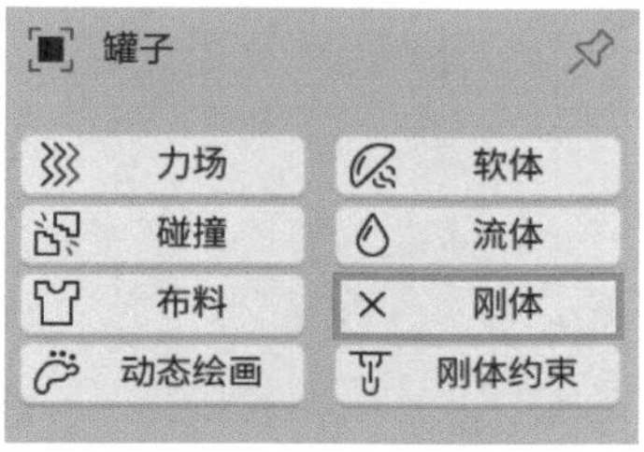

图9-89

（3）在"刚体"卷展栏中，设置刚体的"类型"为"被动"，如图 9-90 所示。

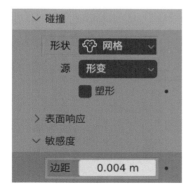

图9-90

（4）在"碰撞"卷展栏中，设置"形状"为"网格"，"边距"为 0.004m，如图 9-91 所示。

图9-91

（5）选择场景中的任意小球模型，如图9-92所示。

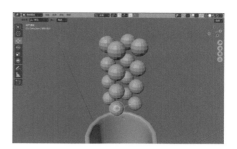

图9-92

（6）单击"物理属性"面板中的"刚体"按钮，将其设置为刚体，如图 9-93 所示。

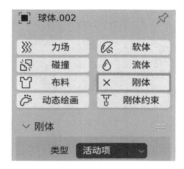

图9-93

（7）在"表面响应"卷展栏中，设置"弹跳力"为 0.5，勾选"碰撞边距"，设置"边距"为 0.004m，如图 9-94 所示。

图9-94

（8）按 Shift 键，在场景中选择好其他的小球模型，最后选择刚刚设置为刚体的小球模型，如图 9-95 所示。

图9-95

（9）执行菜单栏"物体 / 刚体 / 从活动项复制"命令，就可以快速将其他的小球模型也设置为刚体。设置完成后，按下空格键，播放场景动画。最终物体下落动画的效果如图 9-96 所示。

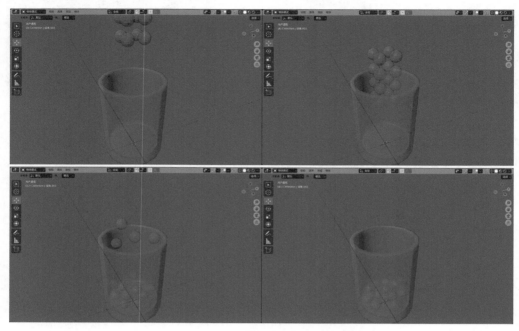

图9-96

9.2.11 实例：制作物体碰撞动画

在本实例中，我们通过制作物体碰撞的动画来学习如何制作物体破碎的刚体动画，如图 9-97 所示。

图9-97

（1）启动中文版 Blender 3.4，打开配套场景文件"碰撞 .blend"，里面有一个简单的墙体、地面和一个小球模型，如图 9-98 所示。

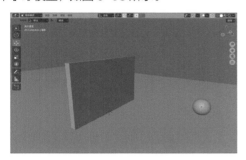

图9-98

（2）执行菜单栏"编辑 / 偏好设置"命令，在弹出的"Blender 偏好设置"窗口中，勾选"物体：Cell Fracture"，如图 9-99 所示。

图9-99

💡 **技巧与提示** "物体：Cell Fracture"插件是中文版 Blender 3.4 自带的插件，但是需要用户主动勾选才可使用。

（3）选择场景中的墙体模型，执行菜单栏"物体 / 快速效果 /Cell Fracture"命令，在系统弹出的"Cell fracture selected mesh objects"对话框中，设置"噪波"为 0.5，如图 9-100 所示。

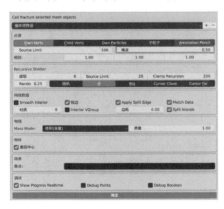

图9-100

💡 **技巧与提示** 同样的参数设置下，模型本身的面数越多，被切割后所产生的碎块也就越多。

（4）单击"确定"按钮后，即可看到墙体模型已经被切割成许多块大小不一的碎块，如图 9-101 所示。

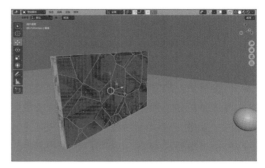

图9-101

（5）选择场景中的任意一块墙体碎块模型，如图 9-102 所示。

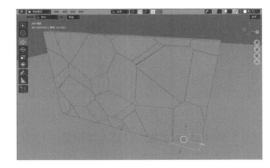

图9-102

（6）在"物理属性"面板中，单击"刚体"按钮，将其设置为刚体，如图 9-103 所示。

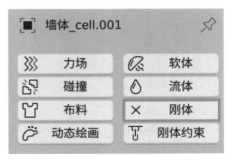

9-103

（7）在"动力"卷展栏中，勾选"失活性"和"开始去活化"，如图 9-104 所示。

图9-104

（8）接下来，选择场景中所有的墙体碎块模型，需要读者注意的是，刚刚设置为刚体的碎块模型要最后选择，如图9-105所示。执行菜单栏"物体 / 刚体 / 从活动项复制"命令，就可以快速将其他的墙体碎块模型也设置为刚体。

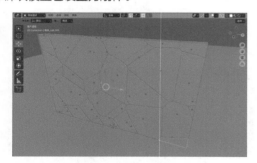

图9-105

（9）选择小球模型，在第1帧设置"位置X"为3m，并为其设置关键帧，如图9-106所示。

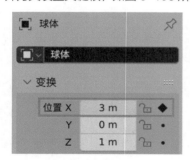

图9-106

（10）在第10帧设置"位置X"为0.5m，并为其设置关键帧，如图9-107所示。

（11）在"物理属性"面板中，单击"刚体"按钮，将其设置为刚体。在第10帧勾选"播放动画"，并为其设置关键帧，如图9-108所示。

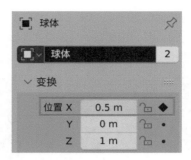

图9-107

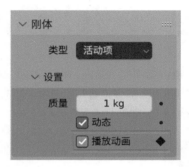

图9-108

（12）在第11帧取消勾选"播放动画"，并设置关键帧，如图9-109所示。

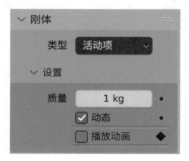

图9-109

（13）在"曲线编辑器"面板中，调整小球位置的动画曲线形态至如图9-110所示。

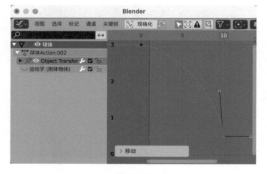

图9-110

（14）选择地面模型，如图 9-111 所示。在"物理属性"面板中，单击"刚体"按钮，将其设置为刚体。

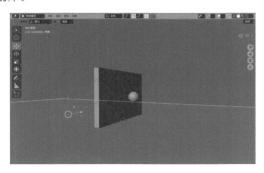

图9-111

（15）在"刚体"卷展栏中，设置"类型"为"被动"，如图 9-112 所示。

图9-112

（16）按下空格键，播放场景动画，最终物体碰撞动画的效果如图 9-113 所示。

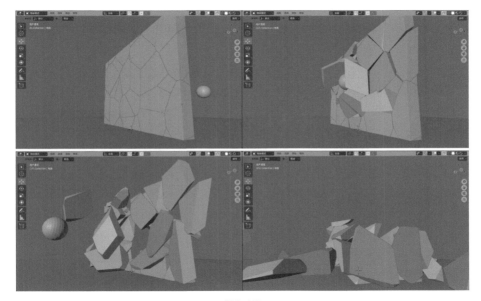

图9-113

9.2.12　实例：制作火焰燃烧动画

在本实例中，我们通过制作火焰燃烧的动画来学习快速烟雾的基本设置方法，如图 9-114 所示。

图9-114

图9-114（续）

（1）启动中文版 Blender 3.4，打开配套场景文件"圆环 .blend"，里面有一个圆环模型，如图 9-115 所示。

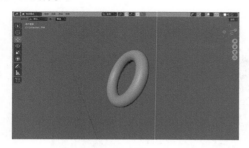

图9-115

（2）选择圆环模型，执行菜单栏"物体 / 快速效果 / 快速烟雾"命令，为圆环添加流体区域，如图 9-116 所示。

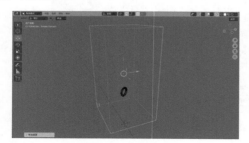

图9-116

（3）在系统自动弹出的"快速烟雾"卷展栏中，设置"烟雾样式"为"烟雾 + 火焰"，如图 9-117 所示。

图9-117

（4）按下空格键，播放场景动画，即可看到默认状态下所生成的火焰和烟雾的动画效果，如图 9-118 所示。

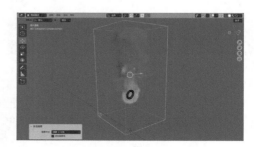

图9-118

（5）在"纹理属性"面板中，单击"新建"按钮，如图 9-119 所示。

图9-119

（6）设置纹理的"类型"为"畸变噪波"，"尺寸"为 0.1，如图 9-120 所示。

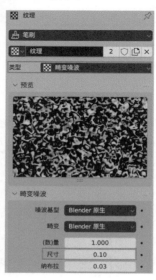

图9-120

（7）选择圆环模型，在"物理属性"面板中，勾选"纹理"，设置"纹理"为我们刚创建的名称为"纹理"的纹理，如图 9-121 所示。

图9-121

（8）设置完成后，播放场景动画，我们可以看到圆环上火焰燃烧的效果，如图 9-122 所示。

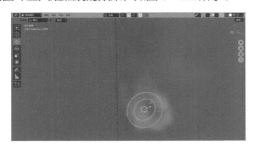

图9-122

（9）选择流体区域，在"编辑模式"下，重新

调整其大小至如图 9-123 所示。

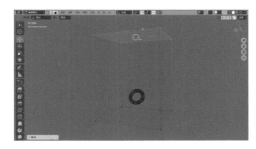

图9-123

（10）在"设置"卷展栏中，设置"细分精度"为 80，"时间步长最大值"为 16，"最小值"为 4，如图 9-124 所示。

图9-124

（11）最终火焰燃烧动画的效果如图 9-125 所示。

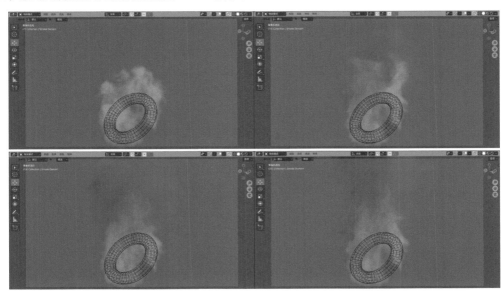

图9-125

9.3 粒子动画

粒子技术常常应用在制作大量形体接近的物体一起运动时的群组动画之中，比如一群蜜蜂在空中飞舞，又或者天空中不断飘落的大片雪花，有时由于动画项目的特殊要求，粒子技术还可以用来模拟火焰、烟雾、瀑布、喷泉等具有动力学特征的特效动画。

9.3.1 设置粒子

在 Blender 中，粒子由网格对象进行发射，每一个粒子既可以设置为一个光点，也可以设置为一个网格模型，还可以设置为一个集合。当我们选择场景中的网格模型，即可在"粒子属性"面板中，单击 + 形状的"添加粒子系统槽"按钮，为其设置粒子系统，如图 9-126 所示。

图9-126

我们也可以把粒子系统看作一个修改器。当我们添加了粒子系统后，在"修改器属性"面板中，我们可以看到所选择对象实际上确实添加了一个"粒子系统"修改器，如图 9-127 所示，它会提示用户其参数需要到粒子选项卡中进行设置。

图9-127

9.3.2 粒子的显示

当我们为场景中的网格对象添加了粒子系统后，即可在视图中查看产生的粒子，如图 9-128 所示。

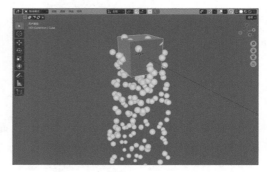

图9-128

在"视图显示"卷展栏中，粒子系统还为用户提供了其他不同的粒子显示方式，如图 9-129 所示。图 9-130 ~ 图 9-132 所示分别为粒子显示为"圆形""Cross"和"轴向"时的视图显示结果。

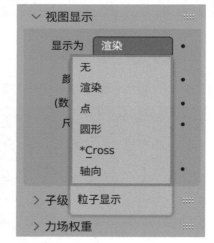

图9-129

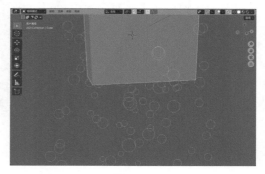

图9-130

图9-131

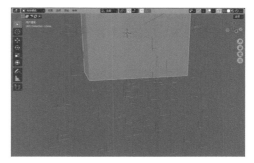

图9-132

9.3.3　实例：制作树叶飘落动画

在本实例中，我们通过制作树叶飘落动画来学习粒子系统的基本使用方法，如图 9-133 所示。

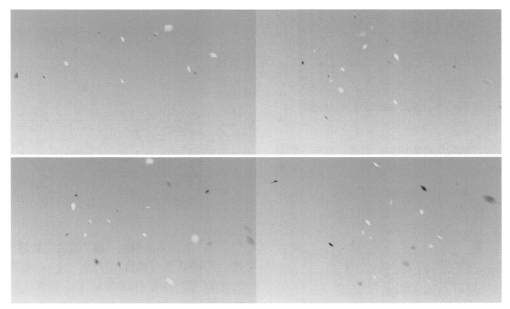

图9-133

（1）启动中文版 Blender 3.4，打开配套场景文件"树叶 .blend"，里面有 2 片不同颜色的树叶模型，如图 9-134 所示。

（2）执行菜单栏"添加 / 网格 / 平面"命令，在场景中创建一个平面，并调整其位置至如图 9-135 所示。

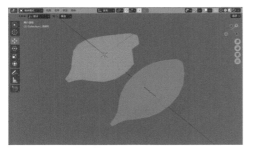

图9-134

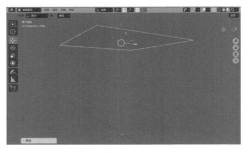

图9-135

（3）在"粒子属性"面板中，单击＋形状的"添加粒子系统槽"按钮，为其设置粒子系统，如图9-136所示。

图9-136

（4）播放场景动画，粒子的默认显示结果如图9-137所示。

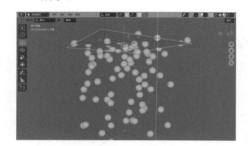

图9-137

（5）在"速度"卷展栏中，设置"法向"为0，如图9-138所示。

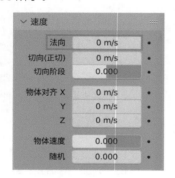

图9-138

（6）在"力场权重"卷展栏中，设置"重力"为0.1，如图9-139所示。

图9-139

（7）在"大纲视图"面板中，单击鼠标右键并执行"新建集合"命令，如图9-140所示。

图9-140

（8）在"大纲视图"面板中以拖曳的方式将绿树叶和黄树叶模型放入新建的"集合2"中，如图9-141所示。

图9-141

（9）选择平面模型，在"渲染"卷展栏中，设置"渲染为"为"集合"，"缩放"为1，"缩放随机性"为0.5，取消勾选"显示发射体"，设置"实例集合"为"集合2"，如图9-142所示。

图9-142

（10）设置完成后，播放场景动画，我们可以看到现在粒子已经设置为树叶模型了，如图 9-143 所示。

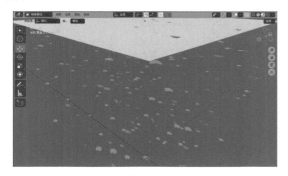

图9-143

（11）在"旋转"卷展栏中，设置"随机"为1，如图 9-144 所示。

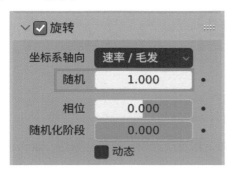

图9-144

（12）在"自发光（发射）"卷展栏中，设置"Number"（粒子总数）为100，如图 9-145 所示。

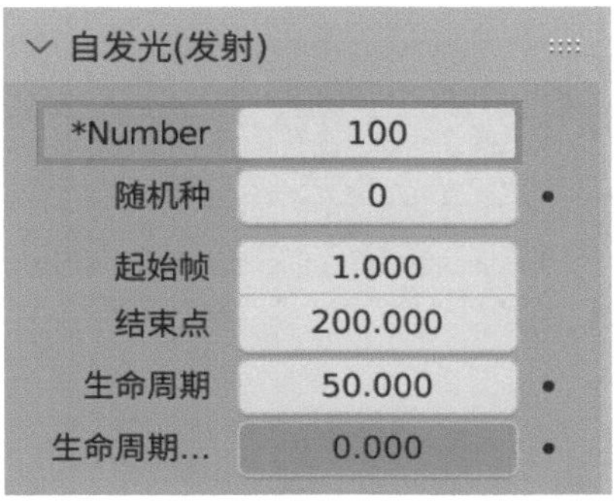

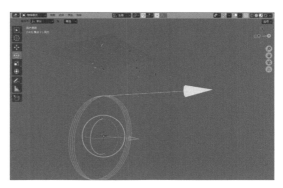

图9-146

图9-145

（13）执行菜单栏"添加/力场/风力"命令，在场景中创建风，并调整风的方向至如图 9-146 所示。

🔆 **技巧与提示**　创建风后，需注意不要把风放到"集合2"中，如图 9-147 所示。否则风会被当作粒子发射出来，如图 9-148 所示。

图9-147

图9-148

（14）最终树叶飘落动画的效果如图 9-149 所示。

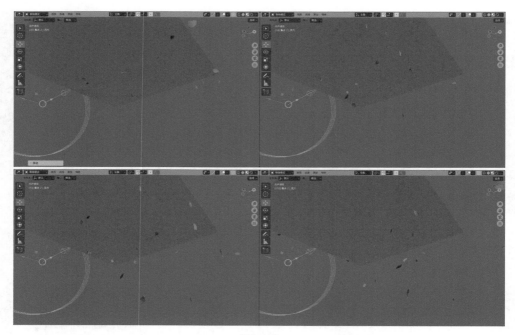

图9-149

9.3.4 实例：制作风吹草地动画

在本实例中，我们通过制作风吹草地动画来学习使用粒子系统快速制作草地的方法，如图 9-150 所示。

图9-150

（1）启动中文版 Blender 3.4，打开配套场景文件"小花 .blend"，里面有一棵小花、一棵小草和一个地面模型，如图 9-151 所示。

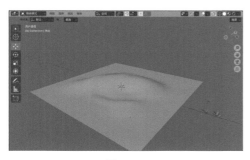

图9-151

（2）选择地面模型，在"粒子属性"面板中，单击 + 形状的"添加粒子系统槽"按钮，为其设置粒子系统，如图9-152所示。

图9-152

（3）在"速度"卷展栏中，设置"法向"为0，如图9-153所示。

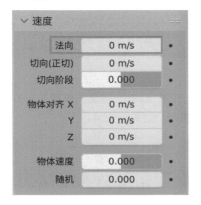

图9-153

（4）在"力场权重"卷展栏中，设置"重力"为0，如图9-154所示。

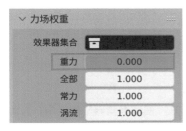

图9-154

（5）在"大纲视图"面板中，单击鼠标右键并执行"新建集合"命令，如图9-155所示。

图9-155

（6）在"大纲视图"面板中，以拖曳的方式将小花和小草模型放入新建的"集合2"中，如图9-156所示。

图9-156

（7）选择平面模型，在"渲染"卷展栏中，设置"渲染为"为"集合"，"缩放"为1，"缩放随机性"为0.5，设置"实例集合"为"集合2"，如图9-157所示。

图9-157

（8）在"自发光（发射）"卷展栏中，设置"Number"（粒子总数）为2000，"起始帧"为0，"结束点"为0，"生命周期"为300，如图9-158所示。

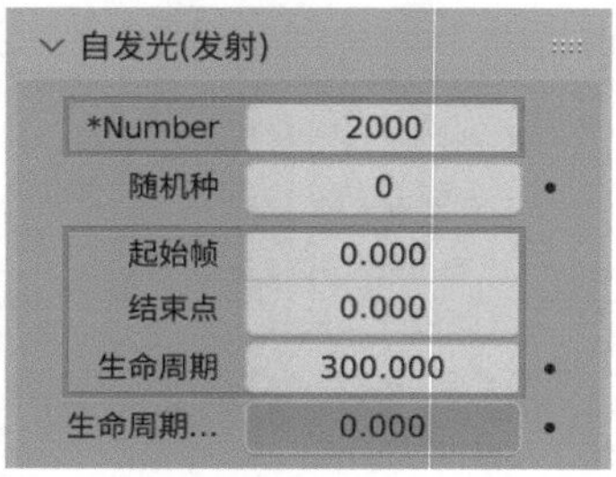

图9-158

（9）设置完成后，花草的视图显示结果如图9-159所示。

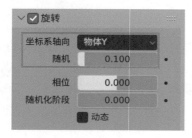

图9-159

（10）在"旋转"卷展栏中，设置"坐标系轴向"为"物体Y"，"随机"为0.1，如图9-160所示。

图9-160

（11）设置完成后，花草的视图显示结果如图9-161所示。

图9-161

（12）选择场景中的小花模型，如图9-162所示。

图9-162

（13）在"修改器属性"面板中，为其添加"简易形变"修改器。在第1帧单击"弯曲"按钮，为"角度"设置关键帧，如图9-163所示。

图9-163

（14）在第20帧，设置"角度"为0°，并为其设置关键帧，如图9-164所示。

图9-164

（15）在"曲线编辑器"面板中，为角度动画曲线添加"循环"修改器，并设置"之前模式"为"重

复镜像部分"，"之后模式"为"重复镜像部分"，如
图 9-165 所示。

图9-165

（16）设置完成后，小花的角度动画曲线视图显
示结果如图 9-166 所示。

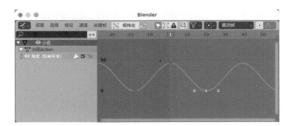

图9-166

（17）以同样的操作步骤为小草模型设置摇动动
画，最终风吹草地动画的效果如图 9-167 所示。

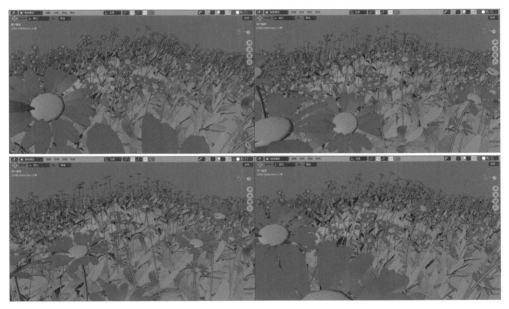

图9-167

第 **10** 章

二维动画

10.1　二维动画概述

二维动画通常指的是传统的手绘动画，早期的二维动画师需要根据动画分镜头将动画绘制成连续的静态画面，通过快速播放使得观众产生画面动起来的视觉效果。随着计算机制图技术的发展，一些专门用于生产动画的软件也应运而生，动画师既可以使用专业的二维动画软件来制作动画，也可以使用三维动画软件渲染二维的动画效果。本书仅狭义地将二维动画理解为使用中文版 Blender 提供的二维动画制作工具所制作出来的二维动画项目。

10.2　创建二维动画场景

执行菜单栏"文件 / 新建 / 二维动画"命令，如图 10-1 所示，即可新建一个二维动画场景，如图 10-2 所示。

图10-1

图10-2

当我们打开中文版 Blender 3.4 后，在系统自动弹出的启动界面中选择"二维动画"，如图 10-3 所示，也可以新建一个二维动画场景。

图10-3

💡 **技巧与提示**　在 Blender 中制作二维动画项目时，所用到的工具及设置动画的思路跟三维动画非常相似，故一些基础工具及基本的视图操作技巧不再重复讲解。如果读者是根据本书设计的章节顺序来进行学习的话，可以非常轻松地完成本章节所讲解的实例。

此外，如果读者希望绘制较为流畅的线条，还需要配合手绘板来进行二维动画的创作。不过，本章节所安排的实例无须手绘板也可以顺利学习。所以，读者可以在学习完本章节实例后，根据自己的创作要求来考虑是否额外购置手绘板。

10.3　综合实例：二维角色动画

本实例为读者讲解如何绘制二维角色——丁老头，以及如何让这个二维角色做出简单的肢体动作，实例完成结果如图 10-4 所示。本章节所涉及的知识点主要有二维角色线条绘制、颜色填充及骨架绑定。

图10-4

技巧与提示　本实例操作步骤较多，建议读者观看教学视频进行学习。

10.3.1　绘制二维角色

（1）选择"笔刷"工具，将其切换为 F Ink Pen Rough（粗糙钢笔）工具，如图 10-5 所示。

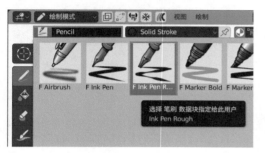

图10-5

（2）在场景中绘制出角色的头部，如图 10-6 所示。绘制的时候需要考虑画布的大小，不要让角色超出画布以外。眼睛和嘴等细节可以填色后再进行绘制。

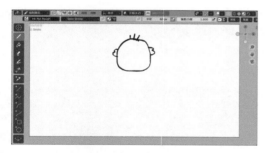

图10-6

（3）接下来，绘制出角色的脖子和身体，如图 10-7 所示。绘制时需要注意，考虑将来角色动画制作的需要，脖子和角色的头部及身体需要断开一些。

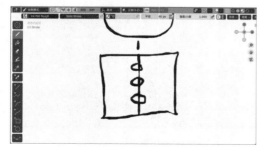

图10-7

（4）绘制手臂时，考虑到骨骼绑定需要，最好绘制出水平伸直的手臂效果，如图 10-8 所示。

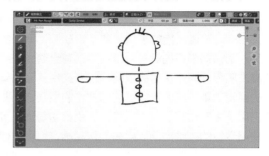

图10-8

（5）绘制双腿时，考虑到骨骼绑定需要，最好绘制出垂直伸直的双腿效果，如图 10-9 所示。绘制时应注意脚和腿部要分开一些。

图10-9

（6）单击界面右侧的"颜色属性"按钮，并设置颜色为浅黄色，如图 10-10 所示。

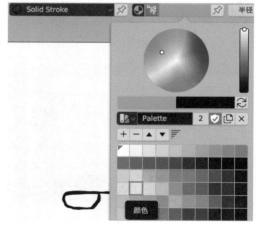

图10-10

（7）绘制出角色鞋的轮廓，如图 10-11 所示。

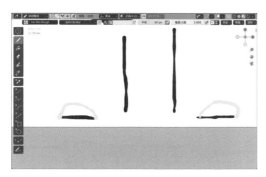

图10-11

（8）单击界面左侧的"填充"工具，在上方的工具栏中设置填充的方式为 Solid Fill（实心填充），填充的颜色还是刚刚选择的浅黄色，如图 10-12 所示。

图10-12

（9）为角色的脸部、耳朵、身体、手部和鞋子进行颜色填充，如图 10-13 所示。

图10-13

（10）脸部颜色填充完成后，绘制出角色的脸部细节，如图 10-14 所示。

（11）绘制完成的二维卡通角色效果如图 10-15 所示。

（12）在"编辑模式"中，选择角色头部的线条，如图 10-16 所示。单击鼠标右键并执行"分离"命令，将其分离出来。

图10-14

图10-15

图10-16

（13）以同样的操作方式，对角色的脖子、手臂、腿部和脚部也进行分离操作，如图 10-17 所示。

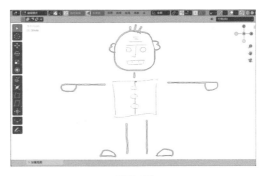

图10-17

（14）在"物体模式"中，重新移动角色各个部分的位置至如图 10-18 所示，使得角色看起来紧凑一些。

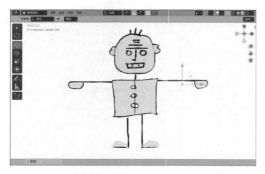

图10-18

10.3.2　创建骨架

（1）执行菜单栏"添加 / 骨架"命令，在场景中生成一根骨架，如图 10-19 所示。

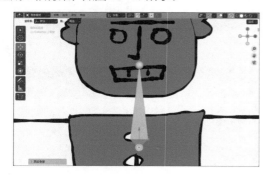

图10-19

（2）将骨架移动至角色脖子的位置，按下 Tab 键，进入"编辑模式"，调整骨架的长度，使其与脖子的长度接近，如图 10-20 所示。

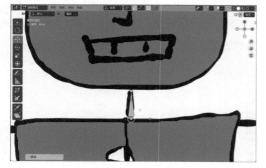

图10-20

（3）按下 E 键，对骨架进行"挤出"操作，制作出用于控制角色头部的骨架，如图 10-21 所示。

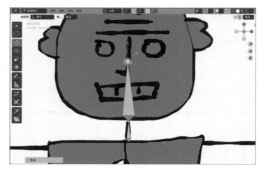

图10-21

（4）在"物体模式"下，执行菜单栏"添加 / 骨架"命令，在场景中生成一根骨架，并将其移动至角色腰部位置处，如图 10-22 所示。

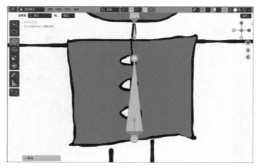

图10-22

（5）在"编辑模式"下，调整骨架的长度至如图 10-23 所示。

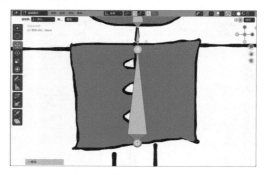

图10-23

（6）在"物体模式"下，执行菜单栏"添加 / 骨架"命令，在场景中生成一根骨架，并将其移动至角色肩部位置，如图 10-24 所示。

（7）在"编辑模式"下，调整骨架的长度和角度至肘关节位置，如图 10-25 所示。

（8）按下 E 键，对骨架进行"挤出"操作，制作出用于控制角色小臂的骨架，如图 10-26 所示。

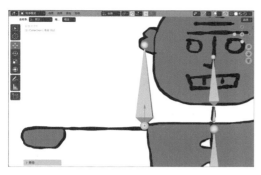

图10-24

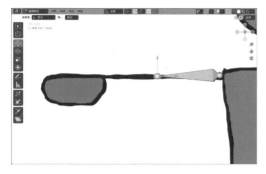

图10-25

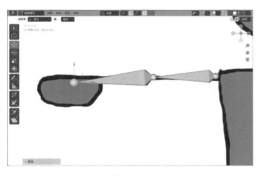

图10-26

（9）在"物体模式"下，执行菜单栏"添加 / 骨架"命令，在场景中生成一根骨架，并将其移动至角色大腿根部位置，如图 10-27 所示。

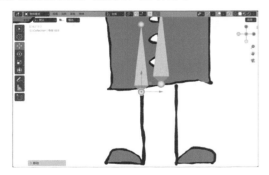

图10-27

（10）在"编辑模式"下，调整该骨架的位置和角度，如图 10-28 所示。

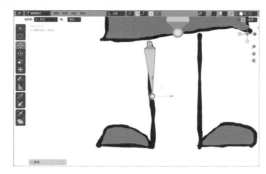

图10-28

（11）按下 E 键，对骨架进行"挤出"操作，制作出用于控制角色小腿和脚部的骨架，如图 10-29 所示。

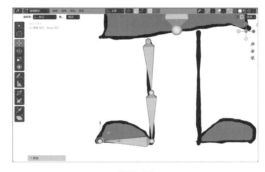

图10-29

（12）对角色手臂和腿部的骨架进行复制并调整它们的位置，制作出角色身体另一侧的骨架，骨架设置完成后如图 10-30 所示。

图10-30

10.3.3　头部绑定

（1）执行菜单栏"添加 / 空物体 / 圆形"命令，场景中会生成一个圆形，如图 10-31 所示。

图10-31

（2）调整圆形的大小，并将其移至控制角色脖子的骨架处，如图10-32所示。

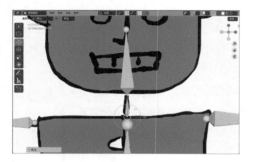

图10-32

（3）对圆形进行复制，并调整其大小和位置，如图10-33所示。

图10-33

（4）选择脖子位置处的骨架，在"姿态模式"中，选择控制角色头部的骨架，如图10-34所示。

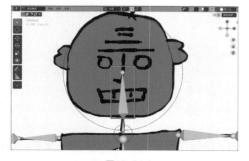

图10-34

（5）在"骨骼约束属性"面板中，添加"反向运动学"修改器，如图10-35所示。

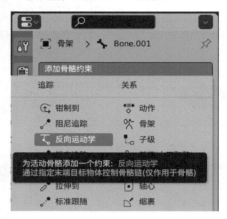

图10-35

（6）在"反向运动学"修改器中，设置"目标"为场景中控制角色头部的圆形，如图10-36所示。

图10-36

（7）在"物体模式"中，先选择角色的脸部模型，再按Shift键加选控制角色头部的骨架，按下组合键"Ctrl+P"，在弹出的菜单中执行"骨骼"命令，如图10-37所示。

（8）在"姿态模式"中，选择控制角色脖子的骨架，如图10-38所示。

图10-37

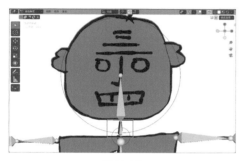

图10-38

（9）在"骨骼约束属性"面板中，添加"复制位置"修改器，如图10-39所示。

图10-39

（10）在"复制位置"修改器中，设置"目标"为场景中控制角色脖子的圆形，如图10-40所示。

图10-40

（11）回到"物体模式"，先选择角色的脖子模型，再按Shift键加选控制角色头部的骨架，按下组合键"Ctrl+P"，在弹出的菜单中执行"骨骼"命令，即可将脖子连接至控制角色脖子的骨架上。设置完成后，我们可以尝试移动圆形控制器，观察模型头部的动画效果，如图10-41所示。

图10-41

10.3.4　手臂绑定

（1）执行菜单栏"添加/空物体/圆形"命令，在场景中会生成一个圆形，并调整其位置至如图10-42所示。

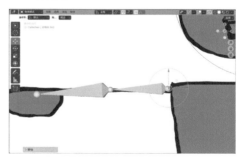

图10-42

（2）对圆形进行多次复制，并调整其大小和位置至如图10-43所示。分别用于控制角色的手部和手肘的方向。

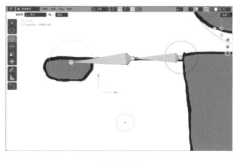

图10-43

（3）执行菜单栏"添加 / 晶格"命令，场景中会生成一个晶格，调整其位置至如图 10-44 所示。

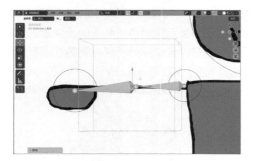

图10-44

（4）在"物体数据属性"面板中，设置"分辨率 U"为 11，如图 10-45 所示。设置完成后，晶格的视图显示结果如图 10-46 所示。

图10-45

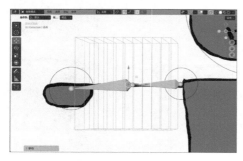

图10-46

（5）使用缩放工具调整晶格的大小至如图 10-47 所示。

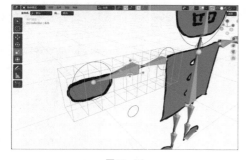

图10-47

（6）在"物体数据属性"面板中，展开"顶点组"卷展栏，单击 + 形状的"添加顶点组"按钮，创建 2 个顶点组，并分别命名为 Bone 和 Bone.001，如图 10-48 所示。

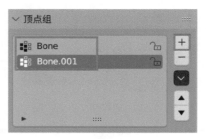

图10-48

> **技巧与提示** 顶点组的命名非常重要，这个名称要与将来绑定的骨架名称一致，并且区分字母的大小写。如果不一致，该绑定不会有任何效果。

（7）在"编辑模式"中，选择如图 10-49 所示的顶点，将其指定给名称为 Bone 的顶点组，如图 10-50 所示。

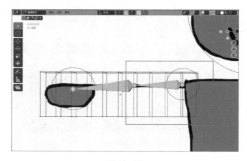

图10-49

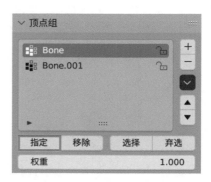

图10-50

（8）选择如图 10-51 所示的顶点，将其指定给名称为 Bone.001 的顶点组，如图 10-52 所示。

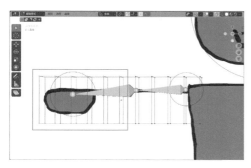

图10-51

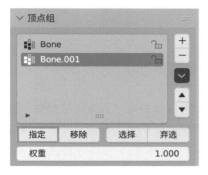

图10-52

（9）选择手臂模型，在"修改器属性"面板中添加"晶格"修改器，如图10-53所示。

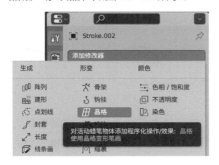

图10-53

（10）在"晶格"修改器中，设置"物体"为刚刚创建好的晶格，如图10-54所示。

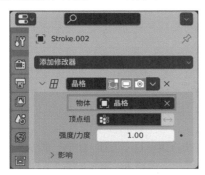

图10-54

（11）选择晶格，为其添加"骨架"修改器，如图10-55所示。

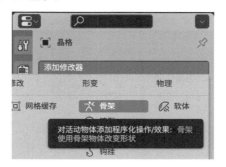

图10-55

（12）在"骨架"修改器中，设置"物体"为手臂骨架，如图10-56所示。

图10-56

（13）在"姿态模式"中，选择小臂位置处的骨架，如图10-57所示。

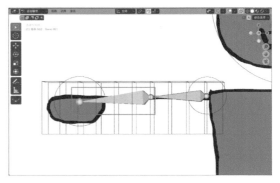

图10-57

（14）在"骨骼约束属性"面板中，添加"反向运动学"修改器，设置"目标"为手部的圆形，设置"极向目标"为手肘处的圆形，如图10-58所示。

图10-58

> 💡 技巧与提示　如果角色的手肘没有出现扭转现象，则无须更改"极向角度"值。如果出现扭转现象，则可以尝试更改"极向角度"值为180°。

（15）在"姿态模式"中，选择大臂处的骨架，如图10-59所示。

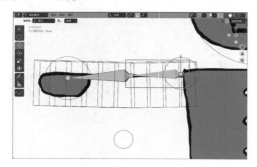

图10-59

（16）在"骨骼约束属性"面板中，添加"复制位置"修改器，设置"目标"为肩部处的圆形，如图10-60所示。

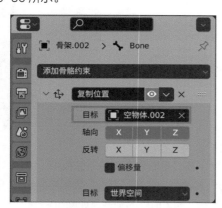

图10-60

（17）设置完成后，我们可以尝试移动圆形控制器，观察模型手臂的动画效果，如图10-61所示。

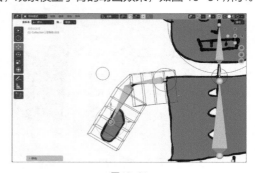

图10-61

10.3.5　腿部绑定

（1）执行菜单栏"添加／空物体／圆形"命令，场景中会生成一个圆形，并调整其位置至如图10-62所示。

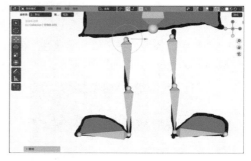

图10-62

（2）对圆形进行多次复制，并调整其大小和位置至如图10-63所示，分别用于控制角色的脚踝和膝盖弯曲的方向。

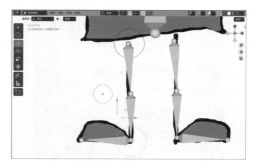

图10-63

（3）执行菜单栏"添加／晶格"命令，场景中会生成一个晶格，调整其位置至如图10-64所示。

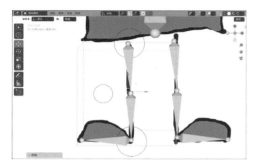

图10-64

（4）在"物体数据属性"面板中，设置"分辨率 W"为 11，如图 10-65 所示。设置完成后，晶格的视图显示结果如图 10-66 所示。

图10-65

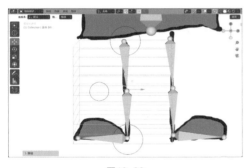

图10-66

（5）使用缩放工具调整晶格的大小至如图 10-67 所示。

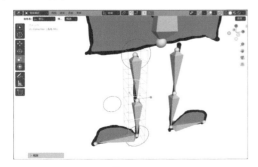

图10-67

（6）在"物体数据属性"面板中，展开"顶点组"卷展栏，单击 + 形状的"添加顶点组"按钮，创建 2 个顶点组，并分别命名为 Bone 和 Bone.001，如图 10-68 所示。

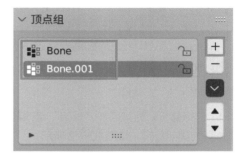

图10-68

（7）在"编辑模式"中，选择如图 10-69 所示的顶点，将其指定给名称为 Bone 的顶点组。

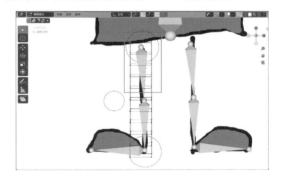

图10-69

（8）选择如图 10-70 所示的顶点，将其指定给名称为 Bone.001 的顶点组。

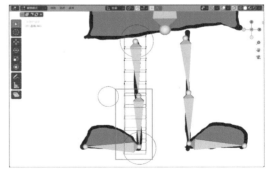

图10-70

（9）选择腿部模型，在"修改器属性"面板中添加"晶格"修改器，设置"物体"为刚刚创建好的晶格，如图 10-71 所示。

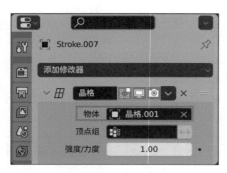

图10-71

（10）选择晶格，为其添加"骨架"修改器，设置"物体"为腿部骨架，如图10-72所示。

图10-72

（11）在"姿态模式"中，选择小腿处的骨架，如图10-73所示。

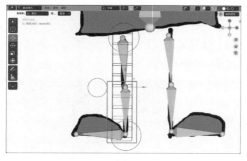

图10-73

（12）在"骨骼约束属性"面板中，添加"反向运动学"修改器，设置"目标"为脚踝处的圆形，设置"极向目标"为膝盖处的圆形，如图10-74所示。

（13）在"姿态模式"中，选择大腿位置处的骨架，如图10-75所示。

（14）在"骨骼约束属性"面板中，添加"复制位置"修改器，设置"目标"为大腿根部的圆形，如图10-76所示。

图10-74

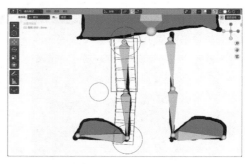

图10-75

图10-76

（15）在"姿态模式"中，选择脚部的骨架，如图10-77所示。

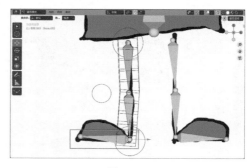

图10-77

（16）在"骨骼约束属性"面板中，添加"复制旋转"修改器，设置"目标"为脚踝处的圆形，"轴向"

为 Y，"混合"为"相加"，如图 10-78 所示。

图10-78

（17）在"物体模式"中，先选择脚部模型，再加选腿部骨架，按下组合键"Ctrl+P"，在弹出的菜单中执行"骨骼"命令，即可将脚部连接至控制角色脚部的骨架上。设置完成后，我们可以尝试移动腿部的这些圆形控制器，观察模型腿部的动画效果，如图 10-79 所示。

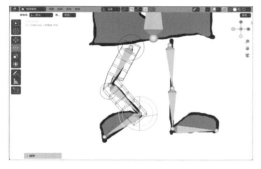

图10-79

10.3.6　身体绑定

（1）在进行身体绑定工作前，我们需要以同样的操作步骤分别实现角色另一侧的手臂及腿部的绑定，如图 10-80 所示。

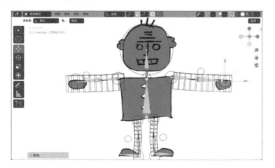

图10-80

（2）执行菜单栏"添加 / 空物体 / 球形"命令，场景中会生成一个球形，调整其位置和大小至如图 10-81 所示。

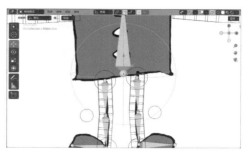

图10-81

> 💡 **技巧与提示**　创建的空物体可以是任意形状，在本实例中，为了凸显这个控制器用于控制角色的腰部，故创建了一个球形的空物体。

（3）对球形进行复制，并调整其大小和位置至如图 10-82 所示，用于控制角色上半身的运动。

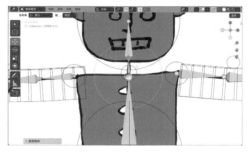

图10-82

（4）在"姿态模式"中，选择控制角色身体的骨架，如图 10-83 所示。

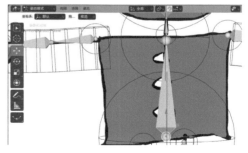

图10-83

（5）在"骨骼约束属性"面板中，添加"反向运动学"修改器，设置"目标"为脖子位置处的球形，如图 10-84 所示。

图10-84

（6）在"骨骼约束属性"面板中，添加"复制位置"修改器，设置"目标"为腰部的球形，如图10-85所示。

图10-85

（7）先选择身体模型，再加选控制腰部的骨架，按下组合键"Ctrl+P"，在弹出的菜单中执行"骨骼"命令，如图10-86所示。

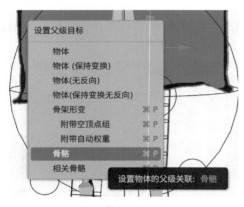

图10-86

（8）先选择控制双腿的圆形，再加选控制腰部的球形，按下组合键"Ctrl+P"，为其建立父子关系。设置完成后，我们可以尝试移动一下腰部的球形，如图10-87所示。

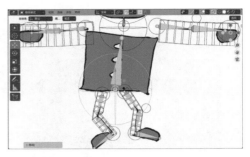

图10-87

（9）先选择控制双臂的圆形和控制脖子的圆形，再加选控制上半身的球形，按下组合键"Ctrl+P"，为其建立父子关系。设置完成后，我们可以尝试移动一下控制上半身的球形，如图10-88所示。

图10-88

（10）在"查看物体类型"下拉菜单中，设置骨架和晶格为不可见，如图10-89所示。

图10-89

（11）我们可以通过控制这些圆形和球形的位置来让我们的二维动画角色摆出各种有趣的姿态，如图10-90所示。

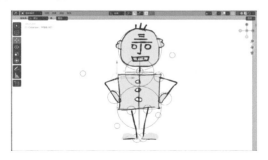

图10-90

10.3.7　制作表情动画

（1）选择角色头部模型，如图10-91所示。

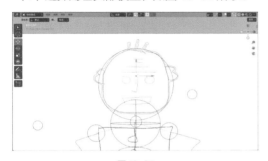

图10-91

（2）在"修改器属性"面板中，添加"时间偏移"修改器，如图10-92所示。

图10-92

（3）单击切换至第2帧，进入"编辑模式"，选择角色嘴部的线条，如图10-93所示。按下 X 键，将其删除。

（4）以同样的操作步骤将嘴部的线条全部删除，得到如图10-94所示的视图显示结果。

图10-93

图10-94

（5）在"绘制模式"中，使用"自由线"工具重新为角色绘制嘴部线条，如图10-95所示。

图10-95

（6）在"物体模式"中，设置"时间偏移"修改器的"模式"为"固定帧"，接下来，我们通过为"帧"设置动画来制作角色的表情动画，如图10-96所示。

图10-96

10.3.8　绘制配景

（1）在"绘制模式"中，使用"自由线"工
具在角色周围的空白处绘制一些小草的轮廓，如
图10-97所示。

图10-97

（2）使用"填充"工具为这些小草填充不同的
颜色，如图10-98所示。

图10-98

（3）在"编辑模式"中，将这些刚刚绘制的小
草进行分离，如图10-99所示。

图10-99

（4）分别调整这些小草的位置和大小至如
图10-100所示。

图10-100

（5）在"透视视图"中，调整这些小草的前后
位置至如图10-101所示。

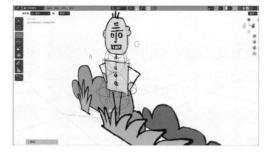

图10-101

（6）回到"摄像机视图"，调整后的画面视图显
示结果如图10-102所示。

图10-102

（7）在"世界属性"面板中，调整"颜色"为
浅蓝色，如图10-103所示。

图10-103

（8）最终的视觉效果如图 10-104 所示。

图10-104